王阳明家训

一盏千年不灭的心灯

欧阳彦之◎著

台海出版社

图书在版编目(CIP)数据

王阳明家训：一盏千年不灭的心灯 / 欧阳彦之著.
—北京：台海出版社，2017.1

ISBN 978-7-5168-0695-1

Ⅰ.①王… Ⅱ.①欧… Ⅲ.①家庭道德–中国–明代
Ⅳ.①B823.1

中国版本图书馆 CIP 数据核字(2017)第 021623 号

王阳明家训：一盏千年不灭的心灯

著　　者：欧阳彦之

责任编辑：阴　鹏

装帧设计：芒　果　　　　　　版式设计：通联图文
责任校对：王　杰　　　　　　责任印制：蔡　旭

出版发行：台海出版社

地　址：北京市东城区景山东街 20 号　　邮政编码：100009

电　话：010-64041652(发行，邮购)

传　真：010-84045799(总编室)

网　址：www.taimeng.org.cn/thcbs/default.htm

E-mail：thcbs@126.com

经　销：全国各地新华书店

印　刷：北京柯蓝博泰印务有限公司

本书如有破损、缺页、装订错误，请与本社联系调换

开　本：710mm×1000 mm　　　　1/16

字　数：180 千字　　　　　　印　张：15.5

版　次：2017 年 3 月第 1 版　　印　次：2017 年 3 月第 1 次印刷

书　号：ISBN 978-7-5168-0695-1

定　价：39.00 元

前言
PREFACE

"幼儿曹，听教诲：勤读书，要孝弟；学谦恭，循礼仪；节饮食，戒游戏；毋说谎，毋贪利；毋任情，毋斗气；毋责人，但自治。能下人，是有志；能容人，是大器。凡做人，在心地；心地好，是良士；心地恶，是凶类。譬树果，心是蒂；蒂若坏，果必坠。吾教汝，全在是。汝谛听，勿轻弃。"

——这篇《王阳明家训》又称《示宪儿》三字诗，收录在《王阳明全集·赣州诗》中。

全文虽然只有96字，却浓缩了为人处世的大智慧。

1

王阳明，字伯安，名守仁，浙江余姚人，明朝伟大的哲学家、文学家、教育家、军事家，"心学"创立者。

他少年时便胸怀大志，以"正心修身，平治天下"为己任，后因体弱多病，接触佛道思想，并于贵州的"阳明洞"习道家导引术以养生，因此以"阳明"为号。

青年步入仕途后，因上疏触犯权倾朝野的宦官刘瑾，被廷杖四十，并贬谪至穷山恶水之中的边远山区——贵州龙场。在龙场任驿丞的日子里，尽管环境十分恶劣，甚至最初无处可居，三餐难以为继，但他以一种坚定的求道精神，克服了种种困难，立志修身不已；终于在一个夜晚，领会到了儒家失传已久的"格物致知"要旨，洞见了自己的本来面目，彻悟了"知行合一"的智慧，从而创立了影响后世至今的一门学说——心学。

2

王阳明小的时候曾一度痴迷于象棋，以至到了规劝不止、学不思进的地步。父亲（王华）感到他有点玩物丧志，一次在盛怒之下将棋子扔进了河里。从此以后，勤读书、戒游戏、做良士、成圣贤便成为王阳明毕生的追求。

功成名就之后，王阳明才深感父亲当初用心之良苦。虽已是一代名儒，但盛名之下，仍时不时自嘲年少不思学业的幼稚，或许这也是他后来特别看重族中子女学业的原因所在。家书中，王阳明把"勤读书"放在了第一位。他在给弟子的一封家信中还专门提到："像侄子正思这样的孩子从小无拘无束惯了，现在已经到了读书年龄，你们切不可予以放纵啊。"

后来，当他获悉正思学业大有长进后竟然兴奋得夙夜未眠，当即又写了封信对其大加赞赏，认为王家书香之风继承有望了。孝悌传家，历来是这个家族的传统。

先祖王纲，七十而终竟在沙场，最后靠十六岁儿子彦达以死抗争才得以羊革裹尸还乡。从此，彦达"痛父死，躬耕养母，终身不仕"，父忠子孝，堪称典范。

王阳明祖父王伦，素以孝闻乡里，微薄的家塾收入除了要供养老母，还收养了独孤的弟弟。后来儿子王华状元及第，王伦又把朝廷拨付给他的一半俸禄给了弟弟。

父亲王华，年过古稀，仍坚持每天向母亲岑氏拜舞起居礼，甚至为了逗其开心，朝夕扮童子与之嬉戏。岑氏百余岁而终，孝道立身的儿子王华功不可没。

后来王阳明曾四疏朝廷要求回乡为祖母岑氏省葬；即便是去世的前一个月，仍不顾病危，取道增城，只为祭祀先祖王纲。可见祖慈子孝，王阳明是深受影响的。崇祯十四年王阳明六世孙王贻杰进京入朝，后统管江西都指挥使司，去世后才发现其竟然囊无积蓄，最后靠官场挚友的资助才得以回乡归葬。一个朝廷的二品官员，清廉至此，着实让人肃然起敬。

3

五百多年以后，我们仍能通过一封封阳明家书，看到王阳明一生"诲人不倦"的执着："尔辈须以仁礼存心，以孝弟为本，以圣贤自期"；"一切举业功名等事皆非所望，但惟教之以孝弟而已"。句句箴言，犹在耳畔，日久弥新。

在王阳明看来，小至族箴家规，大至治国、理政，其核心理念并无二致，这就是知行合一。致良知，明德亲民止至善，这已不仅仅是一代名儒对一个家族的贡献那么简单了。王阳明在治理南赣期间，推行《南赣乡约》，开启了当地以道德教化实现乡村治理的先河。在家则遵孝悌之义，循礼仪之规，扬文明之风；在乡则相助相恤、劝善戒恶、讲信修睦，息讼罢争，这些乡约民规与姚江王氏倡导的家训家规如出一辙。

因此我们可以说，家风、民风、社风，从来都是融为一体的，五百多年前的王阳明做到了，这就是他思想的伟大之处，也是值得我们珍惜传承的宝贵财富。

目 录

CONTENTS

第一章

"勤读书，要孝弟"——知书达礼，孝顺父母不能等　　/ 1

　　王阳明一上来就说了人生的两件大事，孝悌和读书。孝悌
是人之根本，而读书则是发明本心，修身而成为圣贤的途径。

1. 孝行来自孝心　　/ 2

2. 没有孝心的人绝难成事　　/ 5

3. 学孝，需服劳奉养　　/ 9

4. 父母之恩，没齿难忘　　/ 13

5. 勤奋成就天才　　/ 16

6. 有知识，更要有智慧　　/ 20

第二章

"学谦恭，循礼义"——律己敬人，在谦虚中修炼自己　　/ 25

　　王阳明认为，谦恭和礼仪，是相辅相成的。我们内在的谦
恭，化作外在的礼仪。假如只有外在的谦恭而没有内在的谦恭，
这就是虚伪。

1. 千罪百恶，都从傲上来　　/ 26

2. 不骄不躁，平易近人　　/ 30

3. 谦让，受益的不只是自己　　/ 34

4. 少一些批评责备，多一些表扬鼓励　　/ 36

5. 猜疑别人，也就是否定自己　　/ 42

6. 低头是一种成熟的智慧　　/ 45

第三章

"节饮食，戒游戏"——志存高远，专注是成功的基础　　/ 49

　　王阳明曾说："夫志，气之帅也，人之命也，木之根也，水之源也。"如果一个人沉迷于游戏嬉乐，日子长了，志气都消磨尽了，最终难成事业。

1. 不立志，必一事无成　　/ 50

2. 志向正确，人生才能走对路　　/ 53

3. 有目标的人生才有动力　　/ 57

4. 专注的人生没时间管闲事　　/ 60

5. 克服恐惧，才能驾驭自己　　/ 65

6. 心之所想，终能抵达　　/ 67

第四章

"毋说谎，毋贪利"——保持初心，修剪多余的欲望　　/ 71

　　崇祯十四年王阳明六世孙王贻杰进京入朝，后统管江西都指挥使司，去世后人们才发现其竟然囊无积蓄，最后靠官场挚友的资助才得以回乡归葬。一个朝廷的二品官，清廉至此，着实让人肃然起敬。

1. 固守一颗虔诚的心　　/ 72

2. 不要为了行善而行善　　/ 75

3. 不要盲目攀比，否则就会身心疲惫　　/ 78

4. 减少自己的欲望，懂得知足常乐　　/ 81

5. 身处泥泞，遥看满山花开　　/ 86

6. 保持本色，活出真我的风采　　/ 90

第五章

"毋任情，毋斗气"——上善若水，多些思量少些争辩　　/ 94

《增广贤文》中说，学如逆水行舟，不进则退；心似平原走马，易放难追。这正是告诉我们，任情恣性的危害。只要一赌起气来，人类常会慢慢脱离"理性动物"的范围，做出一些损人不利己的事情。

1. 战胜自己等于战胜一切　　/ 95

2. 不要揪着错误不放　　/ 100

3. 知错就改，善莫大焉　　/ 103

4. 同样的错误不犯两次　　/ 107

5. 宽容安抚，以德化怨　　/ 110

6. 把诽谤和侮辱作为进取的动力　　/ 113

第六章

"毋责人，但自治"——自我反省，待人宽律己严　　/ 116

心知道了，整个世界就都知道了。如果我们自律自治能达到这种境界，还会担心自己德行有亏吗？

1. 宁静的心灵需要自省 　/ 117

2. 欲得人心，须容人之过 　/ 121

3. 悔悟改过之道 　/ 124

4. 静察己过，勿论人非 　/ 128

5. 反观自身，不断自我提升 　/ 130

6. 静时存养，动时省察 　/ 134

第七章

"能下人，是有志"——放下身架，越有才华越要低调 　/ 138

一个有志向的君子，他知道自己的志向在高处、远处，即便处在比别人优渥的环境中，也会谦卑自牧，清静自守，绝不会盛气凌人。

1. 不争才是智慧 　/ 139

2. 礼让功劳，不露锋芒得安身 　/ 141

3. 在低潮时进取，在高潮时退出 　/ 144

4. 同流世俗不合污，周旋尘境不流俗 　/ 148

5. 心狭为祸之根，心旷为福之门 　/ 151

6. 累卑为高，集思广益 　/ 155

第八章

"能容人，是大器"——宽怀为本，己所不欲勿施于人 　/ 160

海纳百川，有容乃大。

1. 待人处世，忍让为先 　/ 161

2. 气量大一点，生活才能祥和　　/ 163

3. 利他则利己　　/ 167

4. 朋友相处，常看自己不足　　/ 171

5. 将心比心，推己及人　　/ 174

6. 宰相之肚，纳小人之船　　/ 177

第九章

"凡做人，在心地"——良知是一切的根本　　/ 181

　　王阳明认为，人之所以会迷失自己的本性，就是因为外界的利益诱惑太多，而自己的内心又做不到"一日三省吾身"，把持不住自己的良知。外物的纷扰犹可抗拒，而内心的芜杂则需要长时间梳理才能平静。

1. 心若被困，天下处处是牢笼　　/ 182

2. 看破繁华，不动于心　　/ 186

3. 心平气和造就人才　　/ 189

4. 保持随遇而安的态度　　/ 193

5. 寂寞，让心灵成长　　/ 196

6. 平常心，心平常　　/ 201

第十章

"譬树果，心是蒂"——知行合一，内心光明耀天下　　/ 204

　　王阳明用的比喻非常贴切。他说心就像果子的蒂一样，而人的行为就像果子一样，如果蒂不好，果子会受到影响；如果蒂坏了，果子也会尚未成熟就坠落，甚至烂掉。

1. 意志力是奋斗的血液　/ 205

2. 脚踏实地，不图虚名　/ 210

3. 马上去行动　/ 213

4. 成功不在难易，在于身体力行去做　/ 217

5. 千里之行，始于当下　/ 217

6. 外物勿扰，与事融为一体　/ 225

7. 知是行之始，行是知之成　/ 228

第一章

"勤读书，要孝弟"

——知书达礼，孝顺父母不能等

"勤读书，要孝弟。"

——摘自《王阳明家训》

✿　✿　✿

王阳明在私塾读书的时候，就对自己的老师说："我以为第一等事应是读书做圣贤。"

一般人眼中，读书是人获取知识的最关键途径。但在王阳明看来，我们心中有良知，良知无所不能，无所不知，所以读书不仅仅是为了获取知识，而是验证、呼唤我们良知所已有的知识。由此可知，王阳明让人勤读书，和其他"要你勤读书"的古人有很大的不同。

有人曾问王阳明："读书却记不住，如何是好？"王阳明的回答是："只要理解了就行，为什么非要记住？其实，理解已是次要的了，重要的是使自己的心的本体光明。如果只是求记住，就不能理解；如果只是求理解，就不能使自心的本体光明了。"

而孝悌，《论语》中称"其为人之本与"。王阳明很早就说了人生的两件大事，孝悌和读书。孝悌是人之根本，而读书则是发明本心，修身而成为圣贤的途径。

1. 孝行来自孝心

此心若无人欲，纯是天理，是个诚于孝亲的心，冬时自然思量父母的寒，便自要去求个温的道理；夏时自然思量父母的热，便自要去求个清的道理，这都是那诚孝的心发出来的条件。却是须有这诚孝的心，然后有这条件发出来。

——《传习录》

❋　❋　❋

王阳明认为，如果己心没有私欲，天理至纯，是颗诚恳孝敬父母的心，冬天自然会想到为父母防寒，会主动去掌握保暖的技巧；夏天自然会想到为父母消暑，会主动去掌握消暑的技巧。防寒消暑正是孝心的表现，这颗孝心必是至诚至敬的。

现在很多人认为自己没有能力给父母买漂亮的房子，让父母住洋楼坐轿车，就是不孝。这当然不对，因为孝敬父母不仅要在物质上有所提供,更关键的是要用心。所谓"原心不原迹,原迹家贫无孝子",就是说,如果我们只是把给父母丰衣足食看做是孝顺的话,那么家里贫穷的就没有孝子了。

历史上许多著名的孝子都是贫穷的人,比如孔子的学生子路。

孔子的得意弟子——仲由(字子路),十分孝顺。早年家中贫穷,自己常常拿野菜做饭吃,却从百里之外背米回家侍奉父母亲。父母死后,他做了大官,奉命到楚国去,随从的车马有百辆,所带的粮食有万斤。坐在豪华的被褥上,吃着丰盛的筵席,但他却常常因为怀念父母而感到伤感,他慨叹地说:"即使我想吃野菜,想为父母亲去背米,哪里还有这个机会呢?"孔子赞扬他说:"你侍奉父母,可以说是生时尽力,死后思念哪!"

只要对父母有虔诚的心,并尽自己的所能让父母感到幸福,这就是最诚挚的孝顺了。

因此,王阳明一再强调为人子女者要有"诚于孝亲的心"。他还打比方说:"譬之树木,这诚孝的心便是根,许多条件便是枝叶,须先有根然后有枝叶,不是先寻了枝叶然后去种根。"所以子女在孝顺父母的时候,一定要真心诚意,表里如一。

从前有个老人,妻子去世以后一直孤单地生活着。他一生都是个辛苦工作的裁缝,但没攒下多少钱。现在他太老了,已经不能做活儿了。他的双手抖得厉害,根本无法穿针;而且老眼昏花,缝不直一条线。他有三个儿子,都已经长大成人,结了婚有了各自的家;他们忙于自己的生活,只是每周回来和父亲吃一顿饭。

渐渐地，老的人身体越来越虚弱了，儿子看他的次数也越来越少。他心想："他们不愿意陪在我的身边，因为他们害怕我会成为他们的累赘。"他彻夜不眠为此而担心，最后他想出了一个办法。

第二天早上，他去找自己的木匠朋友，让他给自己做了一个大箱子；然后他又跟锁匠朋友要了一把旧锁头；最后他找到吹玻璃的朋友，把他手头所有的碎玻璃都要过来。

老人把箱子拿回来，装满碎玻璃，紧紧地锁住，放在了饭桌下面。当儿子们又过来吃饭的时候，他们的脚踢到了箱子上面。

他们向桌子底下看，问他们的父亲："里面是什么？"

"噢，什么也没有，"老人说，"只是我平时省下的一些东西。"

儿子们轻轻动了动箱子想知道它有多重。他们踢了踢箱子，听见里面发出响声。"那一定是他这些年积攒的金子。"儿子们窃窃私语。

他们经过讨论，认为应该保护这笔财产，于是他们决定轮流和父亲一起住，照顾他。第一周年轻的小儿子搬到父亲家里，照顾父亲，为他做饭；第二周是二儿子，再下一周是大儿子，就这样过了一段时日。

最后年迈的父亲生病去世了，儿子们为他举办了体面的葬礼。因为他们知道饭桌下面有一笔财产，为葬礼稍微挥霍一些他们还承担得起。

葬礼结束后，他们满屋子搜，找到了钥匙。打开箱子后，他们看到的当然是碎玻璃。

"好恶心的诡计，"大儿子说，"对自己的儿子做出这么残忍的事情！"

"但是他还能怎么做？"二儿子伤心地问，"我们必须对自己诚实，如果不是为了这个箱子，直到他去世也不会有人注意他。"

"我真为自己感到羞愧，"小儿子抽泣着，"我们逼着自己的父亲欺骗我们,因为我们没有遵从小的时候他对我们的教诲。"

但是大儿子还是把箱子翻过来,想看清楚在玻璃中是不是真的没有值钱的东西。他把所有的碎玻璃都倒在地上,顿时三个儿子都无言地看着箱子里面,箱子底刻着几个字:孝敬父母。

孝顺是发自内心,由衷而出的。孝不仅仅是形式,更重要的是内心,一个人总是要强调正己,而正己的伊始要从回馈父母开始。孝为百德的先行,一个不知爱父母、没有德行的人绝难成事。

孝是发自内心的情感表达,没有表里如一的孝就没有真心实意的爱。在履行赡养父母的义务时,我们要发自内心,真心地为父母做事。穷则穷孝,富则富孝,只要用一颗真正的孝心让父母开心愉快,自己也就真正尽到孝道了。

2. 没有孝心的人绝难成事

父而慈焉,子而孝焉,吾良知所好也。

——《悟真录》

❋　❋　❋

中国有首名为《劝孝歌》的古诗:"人不孝其亲,不如禽与兽。"语言虽然很直白,但是却蕴涵着很多深刻的道理。一个人,不论他生于什么样的家庭，也不论他将来的地位有多大的变化，只要他的父母还健在，那么他就有尽孝道的义务，这也是人之所以为人的根本。

试想一下，我们的父母养育我们多年，如果等到老了却享受不到应有的亲情，会多么寒心！人类一直标榜自己是万物之灵，倘若面对自己的父母都不行孝敬，又有什么资格居高临下地谈论自然界中的动物呢？

《庄子》中曾记载："子之爱亲，命也，不可解于心；臣之事君，义也，无适而非君也，无所逃于天地之间。""是以夫事其亲者，不择地而安之，孝之至也。"孟子也讲："孰不为事？事亲，事之本也。"而王阳明也是一个认为百善孝为先的至孝之人。

王阳明32岁的时候，因病移居西湖，往来于南屏、虎跑寺庙，见僧人封闭于龛内打坐、诵经、念佛有三年之久，他们不说话，眼睛定定的，呆了一样。王阳明大声喊叫着，说："你这和尚整天吧吧吧地说什么，眼睁睁地看什么？"僧人吃了一惊，和王阳明攀谈起来。王阳明问他家庭情况，僧人说："家里有老母亲。"王阳明问："起不起俗念？"僧人说："没法不起。"王阳明听了，讲关于爱父母和人的本性的道理，僧人感动得流泪。王阳明第二天再去，问这位僧人的情况，这位僧人已经离开寺庙去奉养老母亲。

古人讲"求忠臣必于孝子之门"，一个人对父母家庭有真感情，如出来做事、当官，就一定有责任感。换言之，忠就是孝的发挥，就是扩充了爱父母的心情，爱别人，爱国家，爱天下。"子之爱亲，命也"，儿女爱父母，这是天性，是没有道理可讲的；人不孝其亲，不如禽与兽。然而，很多人通常将父母的爱视作理所当然，不懂得"子欲养而亲不待"的道理,直到自己也有了子女,理解了为人父母的苦心,才发现自己想要反哺回报已来不及了。

北魏时,房景伯担任清河郡太守。一天,有个老妇人到官府控告儿子不孝,回家后,房景伯跟母亲崔氏谈起这事,并说准备对那个不孝子治罪。崔氏是一个知书达理、颇有头脑的人,她得知情况后,说道:"普通人家子弟没有受过教育,不知孝道,不必过分责怪他们。这事就交给我来处理好了。"

第二天,崔氏派人将老妇人和儿子接到家里,崔氏对不孝子一句责备的话也没说。崔氏每天同老妇人同床睡眠,一同进餐,让不孝子站在堂下,观看房景伯是怎样侍候两位老人的。不到十天,不孝子羞愧难当,承认自己错了,请求与母亲一起回家。崔氏背后对房景伯说:"这人虽然表面上感到羞愧,内心并没有真正悔改。姑且再让他住些日子。"又过了二十几天,不孝子为房景伯的孝顺深深打动,真正有了悔改的诚意,不断向崔氏磕头,答应一定痛改前非,老妇人也替儿子说情,这时崔氏才同意他们母子回家。后来这个不孝子果然成了乡里远近闻名的孝子。

崔氏很聪明,她相信每个人心中都会有"仁"在,其中之一就是孝心。她无所为而为,以身教代替言传,让不孝子心中蛰伏之"仁"在受到外面的触动后得以彰显。

百善孝为先,原心不原迹,原迹贫家无孝子,所以说,孝的境界,在于以父母待你之心回报;无论何时何地,无论贫穷富有,孝由心生,不由外物。《孝经》云:"用天之道,分地之利,谨身节用,以养父母,此庶人之孝也。故自天子至于庶人,孝无终始,而患不及者,未之有也。"

在王阳明看来，良知一开始便蕴涵着情感之维："良知只是个是非之心，是非只是个好恶；只好恶就尽了是非，只是非就尽了万事万变。"良知的好、恶情感形成了行善的动因。当学生徐爱问王阳明如何通过服侍父母等的孝道而求得孝的道理时，王阳明认为关键出自忠诚的孝心。只有出自真心，行为才具有真实性，光是一点行孝的表面文章，而不把爱树立起来，那就不是真孝。

东汉时，有一个人名叫黄香，很小的时候，他就知道亲近、孝顺父母。

在他九岁时，母亲去世了，父亲一人来养育他。他深知父亲的辛苦，对父亲倍加孝顺，一切家务活都由他一个人承担。别的小孩子在玩耍时，他在家里劈柴做饭，好让父亲有更多的时间休息。

夏天的时候，天气炎热，黄香的父亲干完活，坐在院子里乘凉，黄香就用扇子把床扇凉，然后伺候父亲上床就寝；冬天，天寒地冻，他先用自己的身体把被窝暖热，才让父亲躺下睡觉。日久天长，黄香对父亲的孝道深得乡邻的称赞。

在黄香12岁时，江夏的太守称他为"至孝"，汉和帝也曾嘉奖过他。

长大后，人们推举黄香当地方官。黄香担任太守时，体恤百姓们的饥苦，爱护民力，为百姓谋利。有一次，黄香出任太守的地区遭受了特大水灾，他毫不犹豫拿出自己历年的俸禄，赈济受灾的百姓；同时上奏皇帝，请求减免百姓当年的税赋。百姓们都十分爱戴这位爱民如子的好官，在当时流行着这样的一句话："天下无双，江夏黄香。"

孝顺是发自内心，由衷而出的。孝不仅是形式，更重要的是在于内心。孝为百德的先行，如果尚不知爱父母，很难说一个人有德行，没有德行的人绝难成事。

3. 学孝，需服劳奉养

"言学孝，则必服劳奉养，躬行孝道，然后谓之学。岂徒悬空口耳讲说，而遂可以谓之学孝乎？"

——《传习录》

❋　❋　❋

王阳明曾与一个名叫杨茂的聋哑人用笔进行交谈：

王阳明问：你口不能言是非，你耳不能听是非，你心还能知是非否？

杨茂：知是非。

王阳明：如此，你口虽不如人，你耳虽不如人，你心还与人一般。

杨茂：首肯，拱谢。

王阳明：大凡人只是此心。此心若能存天理，是个圣贤的心；口虽不能言，耳虽不能听，也是个不能言不能听的圣贤。你如今于父母，但尽你心的孝；于兄长，但尽你心的敬。

杨茂：首肯，拜谢。

王阳明：我如今教你，但终日行你的心，不消口里说；但终日听你的心，不消耳里听。

杨茂：顿首再拜。

王阳明向杨茂指出，人人都有一颗知是知非的心，如看见父自然知孝、见兄自然知敬的道德行为。即使是聋哑人，他们口虽然不能表达心中所想，耳虽然不能聆听别人的教诲，但心的知善知恶、辨别是非的能力是与人一样的。这就是因为人心都有"良知"，它无须口说，也无须耳听，只要用心去行就可以了。

远在两千多年以前的周朝，在中国的北方有一个偏僻的小山村，村中住着一个叫剡子的少年。

剡子个儿虽然不高，却很机智勇敢，又特别孝敬父母，村里的大人、小孩都特别喜欢他。剡子常常对村里人说："父亲、母亲生养了我，把我养大不容易，我要像父母爱我那样爱他们。"剡子不仅是这样说的，也是这样做的。

时光荏苒，剡子一天天长大了，他越发变得懂事，知道自己应该为父母分忧。他每天天刚蒙蒙亮就起床，帮助父母担水、做饭、打扫院落。侍候父母起了床，一家人吃完早饭，他背着绳索，拎着斧头上山去打柴。进了大山，他凭借着矫健、灵巧的身子，爬上大树，抡起斧头使劲地砍起树的枝权。斧砍枯枝的响声在大山里回荡。

有一年赶上闹灾荒，田里收成不济，日子越发艰难，父母忧急交加，一时心火上攻，双双眼睛失明，这可急煞了小小年纪的剡子。

为了给父母治病，剡子每天半糠半菜地侍奉双亲充饥后，就到处求人，寻医问药。

一天，剡子到深山采药，路过一座庙宇，便进去讨口水喝。他见方丈童颜仙骨,就向他请求治疗眼疾的药方。老方丈问明缘由,沉吟一下说:"药方倒有一个,恐怕你采不来。"

"请说,我舍命去采!"

"鹿奶,鹿奶可以治眼疾。"

剡子听了,立即叩头谢过老方丈,飞步赶往鹿群出没的树林中。这里的鹿确实不少,可它们蹄轻身灵,一见有人靠近,就一阵风似的飞快逃去。

怎样才能弄来鹿奶呢?剡子绞尽脑汁,昼思夜想。

一天,他见村东头猎户家的墙头上晒着一张鹿皮,忽地眼前一亮:把鹿皮借来,披在身上,扮成小鹿的模样,不就能悄悄接近鹿群了吗?

于是,剡子迫不及待地走进猎户家,说明来意。好心的猎户欣然把鹿皮借给了他,还指点剡子如何模仿小鹿四肢跑跳的动作。经过多次演练,剡子竟然能举手投足都像一只活脱脱的小鹿。

第二天,剡子用嘴叼着一只木碗,悄悄地蹲在树林里。待鹿群走近时,披着鹿皮的剡子像一只小鹿似的不紧不慢地凑到一只母鹿身边,轻手轻脚地挤了满满一木碗鹿奶。直到鹿群走开了,他才站起身来,捧着鹿奶直奔家中。

打这以后,剡子多次用扮成小鹿的办法去挤母鹿的奶汁。有一天,他又上山去挤取鹿乳,没想到一个猎人却把他当成真鹿了,在要射杀他的时候,剡子急忙走出来,告诉了猎人真相,猎人大受感动。剡子的孝名也因此被传播开来,乡亲们都夸奖剡子是个孝敬父母的好孩子。

剡子父母由于常常喝到鲜美的鹿奶,营养不良的身体一天天强壮起来,后来,失明的眼睛果然奇迹般地恢复了光明。

在中国,对父母及老年人的孝养一直是一个大问题,这也正是中国古代圣贤格外重视孝道的原因。在王阳明生活的那个年代有许多道德的约束，尚有许多人不懂得孝的真实含义，更不用说在当今社会了。

能养只是一半的孝，真正的孝顺是发自内心的那份真诚；只有心里时时想着孝，能努力践行，这才是真正的孝。

有一个财主有两个儿子，大儿子愚笨，不讨人喜欢，小儿子聪明伶俐，于是财主就尽心抚养小儿子。两个儿子逐渐长大了，大儿子一直在家里陪着父母，小儿子因为颇有才华，被父亲送到县城读书。

小儿子果然不负众望，考取了功名，一家人欢天喜地，两位老人也准备收拾行李和小儿子一起到新地方开始生活。本来小儿子不想带着父母，但是想到兄长愚钝，就勉为其难地带上了两个老人家。

到了就职的地方之后，小儿子给父母选了一间房子，安排了一个奴婢，从此就消失了。两位老人看不见他的人影，生病了也只能使唤下人去找大夫。虽然在这里不愁吃穿，但是两个老人心里很难过。

一年以后，大儿子带着家乡的特产过来看弟弟，一见到老人，就难过地哭了——一年不见，父母老了许多，以前胖胖的父亲也瘦成一把骨头了。虽然大儿子很笨拙，但是很心疼父母，他决定带着父母回家生活。父母想到自己以前和大儿子生活在一起的时候从来没有把他当回事，端茶倒水像下人一样使唤，但是他从来没有生气，反倒是乐呵呵地照顾父母，不禁也流下了眼泪。就这样，笨哥哥又带着老人回到乡下去了。小儿子想不明白，为什么父母不跟着自己这样有头有脸的儿子，却要和那笨人一起生活。

其实，感动老财主的正是一颗孝心。只有让父母感受到我们的孝心，他们才会觉得幸福。孝顺绝不仅仅是能够保证父母衣食无忧，因为父母更希望得到的是儿女的真情关心,他们希望儿女能常回家看看。

王阳明说,只是有个头脑,只要此心去人欲、存天理,便自然会在冬凉夏热之际要为老人找个冬温夏凉的地方。但这些都是诚孝的心发出来的条件,有此心才有这条件发出来。能养不是孝,有孝顺的心才能算作孝顺。

4. 父母之恩,没齿难忘

"不慈不孝焉,斯恶之矣。"

——《悟真录》

❀　❀　❀

"百善孝为先","身体发肤,受之父母,不敢毁伤",身体是父母所赐,即便是伤害身体的权力也在于父母,而不在于自己。在中国人的眼中,孝是一切美德的基础,是一切事业的起点,不孝者难成大业。

王阳明提倡以良知为本的孝道观,他认为万事万物的本源是良知。有了良知之心,自然就会发自内心地孝顺父母;良知一旦被蒙蔽,孝顺就仅仅只是形式上的孝道,而非出自内心忠诚的孝。要孝敬父母不能光有外表的花哨言行,还必须有真正付诸行动的爱。

汉文帝时期,在临淄这个地方出了一个很有名的人,她就是勇于救父的淳于缇萦。

淳于缇萦的父亲叫淳于意，本来是个读书人，但是非常喜欢医学，还经常给别人看病，所以在当地出了名。后来他做了太仓令，但是他为人耿直，不愿意跟做官的来往，也不会拍上司的马屁，所以在官场上很不得意，没有多久就辞职当起医生来了。

有一次，一位大商人的妻子生病了，请淳于意去为她看病；但是那位病人病得太厉害了，所以吃了淳于意的药并没有好转，反而在几天之后死了。大商人仗势欺人，向官府告了淳于意一状，说他看错了病，置人于死命。

当地的官吏也没有认真审理，就判处淳于意肉刑（在当时，肉刑有脸上刺字、割鼻子、砍左足或右足），要把他押到长安去受刑。

除了小女儿缇萦之外，淳于意还有4个女儿，可就是没有儿子。在被押解到长安去受刑的时候，他望着女儿们叹气说："可惜我没有儿子，全是女儿，遇到现在这样的危难，一个有用的也没有。"听到父亲的话，小缇萦有悲伤有气愤。她想："为什么女儿就没用呢？"因此，当衙役要把父亲带出家门时，她拦住衙役说："父亲平时最疼我，他年龄大了，带着刑具走不方便，我要随身照顾他。另外，我父亲遭受不白之冤，我要去京城申诉，请你们行行好，让我和你们一起去吧！"

衙役们见小姑娘一片孝心，就答应了她。当时正值盛夏，天气反复无常，时而雨水涟涟，时而天气晴朗。天晴时，小缇萦就跟在父亲旁边，不住为父亲擦汗；遇上阴雨天，她就打开雨伞，以防父亲被雨水淋湿。晚上，小缇萦还要给父亲洗脚解乏。

这一切，深深地打动了押送淳于意的衙役。经过二十多天的长途跋涉，他们终于来到了京城。履行完相关的手续之后，淳于意马上就被关进了牢房。小缇萦不顾疲劳，马上开始四处奔走，为父亲申冤。

人们一看申诉的是还未成年的小姑娘,都没有理睬。小缇萦想,要解决父亲的问题,只能直接上书皇上了。于是,她找来纸笔,请人帮忙将父亲蒙冤的经过一一写好,恳求皇上明察。同时她还表示,如果父亲真的犯了罪,她愿代父受刑。

第二天,小缇萦怀里揣着早上写好的信,来到皇宫前。这时,只见不远处尘土飞扬,马蹄声声,一辆飞驰的马车直奔皇宫而来。小缇萦心想:"上面坐着的一定是一位大臣。"他灵机一动,用双手举起书信,跪在马车前。

车上坐的是一位老者,他看到了小缇萦,便俯下身来,关心地问:"小姑娘,为什么在这儿拦截我的去路。难道有人欺负你了吗?"小缇萦就把父亲被抓的事情一五一十地告诉了这位大臣,并请求他把书信带给皇上。

这位大臣答应了小缇萦的要求。皇上读了这封信后,被深深地打动了,当听说小缇萦千里救父的事迹时,更是感到十分钦佩。于是,皇上亲自审理此案,为小缇萦的父亲洗清了不白之冤。

也许在年少的小缇萦心中根本就没有很明确的所谓孝顺的概念,但是,她拥有一颗良知之心;正是这颗良知之心使她拥有一种最朴素的孝顺行为,时时事事都想着自己的父亲,都站在父亲的角度来思考问题。

其实孝顺很简单,只要像爱自己一样爱父母、爱家人,并体现在日常的一些细小的行动上,就已经做到了孝顺,就是一个实实在在懂得孝顺的人了。念父母生养之恩,这是每个子女应该做到的,报父母之恩,更是每个子女应尽的义务。"不慈不孝焉,斯恶之矣。"在王阳明的孝道观看来,讲孝悌是良知的一个表现,不慈不孝,这是良知被蒙蔽，由此产生恶。由知孝到行孝，是由良知到致良知的过程，也是知行合一观点所要求的。

《诗经》中说："哀哀父母，生我劬劳。"父母生养我们的时候，辛酸劳瘁，不是一般人所能想象的。因此作为儿女者，若能真切体会父母的深恩重德，心灵深处必然会激起阵阵哀伤，孝敬父母之心必会油然而生，随之付诸实践。若是有人对于父母的爱无动于衷，这种人将很难得到安详幸福的家庭，也很难成就大业。

5. 勤奋成就天才

夫学、问、思、辨、笃行之功，虽其困勉至于人一己百，而扩充之极，至于尽性知天，亦不过致吾心之良知而已。

——《传习录》

❈　❉　❈

对于天才的定义，王阳明是这样认为的：学习、提问、思考、分辨、笃行的功夫，尽管一些人领悟能力低，需要付出比他人多数倍的努力，但努力到了一个程度，让自己能彻底领悟本性，了解自然规律，至于能不能成为天才，只不过是额外的了，最主要的是已经对得起自己的良知。

这段话想说的是，一个天性稍微愚笨一点的人，只要通过自己加倍的努力追求成功，成功便会如期而至。古往今来，很多成功的人都不是所谓的"神童"；他们往往都是一些看似天资不好，并没有什么天赋的人，没有人相信他们能成就伟大的事业。但是，通过他们加倍的努力和不懈的坚持，他们让所有人都刮目相看，他们为我们树立榜样，用自己的行动和成果告诉我们，只要肯努力，你就是下一个天才！

而那些从小看似聪明伶俐，能成大器的人，却往往都在人们的赞美中被冲昏头脑，认为自己天资过人，无需努力，最终让自己一事无成，埋没了自己的天赋。

努力、勤奋、持之以恒可以让普通的人变成天才；反之，堕落、懒惰、半途而废也可以让天赋异禀之人沦落为庸才。

大诗人杜甫与李白齐名，但是，小时候的杜甫与同龄的小孩相比，资质并不高，甚至还稍稍逊色于他人。

杜甫的爷爷杜审言曾经中过进士，是一位博学多才之人。由于杜甫的爸爸资质不高，无法继承杜审言"诗书传家"的事业，杜审言便将厚望寄托在了杜甫身上。

但是，事与愿违，杜甫继承了其父不高的天资和不太灵光的脑子。五岁的杜甫甚至不能背诵出一首短诗，而与他年龄相仿的许多小孩都能背诵十首以上的短诗。尽管爷爷日日伴读，但杜甫的提高仍然不如人意。终于有一天，爷爷的耐心到达了极致，他很生气地斥责杜甫天资愚笨，没有继承他的半点才学。

受到训斥的杜甫心里难过之极，但他并没有因此怀疑自己的智慧，他决定用苦读的方式来提高自己的阅读和背诵能力。此后，每天天刚蒙蒙亮，在杜甫家里的小院里总会出现一个正在背诵诗歌的小孩的身影，他就是杜甫。

刚开始自学的杜甫感到十分吃力，一首短诗阅读多遍都无法理解其中的含义，他便选择加强背诵，他觉着背得多了，理解能力应该会有所提升。果不其然，当杜甫将整个身心都投入到阅读和背诵诗歌后，他发现自己对诗歌的领悟能力和记忆能力都有很大的提升。不久之后，他在一天内就能理解并且记住五首诗，这让全家人都惊诧不已，开始感慨这孩子超强的理解能力和记忆力。如此奋发图强一年之后，杜甫便能将三百多首诗背得滚瓜烂熟，并且还常常将一些喜爱的诗歌默写下来以增强记忆。

12岁的杜甫，理所应当地成了家乡远近闻名的神童。杜甫的"神童"的荣誉，并不是与生俱来的，而是通过他自己的努力得到的。天才，是一分的天赋加上九十九分的努力。

从来就没有无需勤奋努力便能成功的天才。爱迪生说："天才是百分之九十九的汗水加百分之一的灵感。"一句话道出了天才之为天才的真谛。大凡学有所成者，无一不是勤奋刻苦的知识追求者。就像冯友兰所言：世界上，历史上，凡在某方面有大成就的人，都是在某方面特别努力的。古人也说："业精于勤。"

美国著名作家杰克·伦敦在19岁以前还从来没有进过中学。他的童年生活充满了贫困与艰难，他曾是一个把大部分时间都花在偷盗等勾当上的问题少年。然而有一天，当他拿起《鲁滨孙漂流记》时，人生从此发生了巨大的变化。在看这本书时，饥肠辘辘的他竟然舍不得中途停下来回家吃饭。第二天，他又跑到图书馆去看别的书，一个新的世界展现在他的面前——一个如同《天方夜谭》中巴格达一样奇异美妙的世界。

从这以后，一种酷爱读书的情绪便不可抑制地左右了他。一天中，他读书的时间达到了 10~15 小时，从荷马到莎士比亚、从赫伯特斯宾基到马克思等人的所有著作，他都如饥似渴地读着。19 岁时，他决定停止以前靠体力劳动吃饭的生涯，改成以脑力劳动谋生。

杰克·伦敦进入加利福尼亚州的奥克德中学后，不分昼夜地用功，从来就没有好好地睡过一觉。他用三个月的时间就把四年的课程念完并通过考试后，他进入了加州大学。

他怀着成为一名伟大作家的梦想，一遍又一遍地读《金银岛》《基督山伯爵》《双城记》等书，之后就拼命地写作。他每天写 5000 字，也就是说，他可以用 20 天的时间完成一部长篇小说。他有时会一口气给编辑们寄出 30 篇小说，但它们统统被退了回来。

后来，他写了一篇名为《海岸外的飓风》的小说，这篇小说获得了《旧金山呼声》杂志所举办的征文比赛头奖，但他只得到了 20 美元的稿费。五年后的 1903 年，他有 6 部长篇以及 125 篇短篇小说问世。他成了美国文艺界最为知名的人物之一。

一个人知识的多寡，和他的勤奋程度永远是成正比的，无论古今中外，凡在某一方面成大功，立大名的人，都是在某一方面勤于工作的人。一个勤于工作的人，不一定在某方面有所成，但不勤于工作的人，决不能在某方面有成。此即是说，勤于工作，虽不是在某方面有成的充足条件，而却是其必要条件。有人说：一个人的成功，要靠"九分汗下，一分神来"。

古罗马有两座圣殿：一座象征勤奋，另一座象征荣誉。若想到达荣誉的圣殿，必须要经过勤奋的圣殿，勤奋是通往荣誉的必经之路；也有人试图绕过勤奋的圣殿获得荣誉，但终被拒之门外。有一些人，有很好的天赋和理解能力,旁人都认为他们会取得成功,成为一个获得荣誉被世人称赞的名人。但是,这种人往往凭借自己的天赋而忽略勤奋,最终止步于荣誉的圣殿。而那些看似愚笨,无出头之日的人们,选择了笨鸟先飞和持之以恒,最后,顺利走进荣誉的殿堂,受到世人尊重。

精卫填海、悬梁刺股、凿壁偷光等成语,都在讲述勤奋制胜的道理。王阳明在描写如何获得良知的时候,也反复强调专一、勤恳的态度才能让良知长存。若想有一个美好的前程,我们离不开学习,而学习又离不开专一和勤奋的精神,只有静下心来持之以恒地学习,才能让我们看到胜利的曙光,获得成功的瑰宝。

6.有知识,更要有智慧

凡饮食只是要养我身,食了要消化;若徒蓄积在肚里,便成痞了,如何长得肌肤?后世学者博闻多识,留滞胸中,皆伤食之病也。

——《传习录》

❀　❀　❀

许多人将王阳明的"心学"当成一种学问,而事实上,他所讲的只是修证的方法。如果只是当成知识学习,不修证、不开悟,用处并不大。王阳明熟知道家、佛家的修证方法,后来专行于儒家;跟其他读书人一样,从知识求道,于修证并未尽力,直到后来开悟,才知道做了半辈子"书呆子"。他写了一首《再过濂溪祠用前韵》,描述了自己的心境:

曾向图书识面真,半生长自愧儒巾。

斯文久已无先觉,圣世今应有逸民。

一自支离乖学术,竟将雕刻费精神。

瞻依多少高山意,水漫莲池长绿萍。

诗中之意,半生错用功夫,只知向书中求道,读书人中早就没有可以"以先觉觉后觉"的行觉者了,当今之世只有我这个散人。自从寻章摘句做学问,白白浪费了许多精力。"瞻依多少高山意,水漫莲池长绿萍",是开悟的境界,只可意会,不可言传。

王阳明后来教学,不太要求学生在知识上求解,只要求做切身功夫,求真实体验。

有一次,他问学生九川:"于'致知'之说体验如何?"

九川说:"自觉不同往时,操持常不得恰好处,此乃是恰好处。"

王阳明说:"可知是体来的,与听讲不同。我初与讲时,知尔只是忽易,未有滋味。只这个要妙,再体到深处,日见不同,是无穷尽的。"

九川说:"此功夫却于心上体验明白,只解书不通。"

王阳明说:"只要解心。心明白,书自然融会。若心上不通,只要书上文义通,却自生意见。"

与王阳明不同,许多读书人,只是求知,不求开悟,装了一脑门子学问，消化不了，还自以为志大才高，受到重用，必负所托；不受重用，便一肚子怀才不遇的怨气，知识都变成酸水，直往外倒。

客观地说，知识对开悟并无坏处，往往知识越丰富，开悟的可能性越大。但知识丰富跟开悟却是两回事。

国学大师冯友兰先生曾经说："就一个人的学问和修养来说，他必须是一个理论联系实际的人。如果仅读了一些经典著作，掌握了一些文献资料，懂得一些概念或范畴，而不能够解决实际问题，这种人不是我们所需要的，这种人也不是生活所需要的。"

哲学家、数学家坐船渡河，数学家问正在用力划桨的船夫："你懂数学吗？"船夫摇摇头，数学家不无遗憾地说："太可惜了，那样你将因此失去三分之一的生命。"

接着哲学家又问："那么，你懂哲学吗？""不懂。"船夫还是摇摇头。哲学家感慨地说："真是可惜，那你就只剩下一半生命了。"

这时，一阵狂风吹来，小船即将翻沉。船夫大声地问哲学家和数学家："你们会游泳吗？"

两人大叫："不会！"船夫深深地叹息道："嗨，那么你们将失去全部的生命！"

哲学家和数学家都是人们所公认的懂得很多知识的学者，但是在面临生活中的突发状况时，他们的知识并不能帮助他们保全性命，或者说无法帮助他们解决迫在眉睫的问题。我们也许是知识丰富的哲学家，但我们并不一定是具有创造力的哲学家，并不一定能接受新事物，不一定能对新鲜、新奇的事物做出敏感和及时的反应。但智慧不同，智慧的力量是无限的，真正的智慧能帮助我们面对生活中的各种难题。

所以说，一个有知识的人并不一定拥有智慧。

善财童子四处参学、拜谒善知识。有一次，他去拜会妙月长者，问道："自我的顿悟，是否可由听闻他人谈论般若波罗蜜而得？"

"般若波罗蜜"是梵文音译，大意是"智慧成就到彼岸"。

妙月长者说："不能。因为般若波罗蜜，是亲自悟入一切事物的真如妙知。"

善财童子不解地问："知识，岂不是由听闻而来？对事物的认识，岂不是由思考与推理而来？自我开悟，为何不能由听闻知识、思考认识来？"

妙月长者耐心地解释说："自我开悟，永远不能仅从思考而来。比方说：在一片广袤的沙漠中，没有泉，没有井，没有河流。在烈日炎炎的夏日，一个旅人从西向东穿行沙漠，途中，他遇到一个从东面来的人，就说：'我极其干渴，请您告诉我，何处可以找到泉水与阴凉，让我能够解渴、沐浴、恢复体力？'从东而来的人说：'再向东走，路会分成两条岔道，一左一右。你走右边一条，再继续往前，一定会找到清泉与阴凉。'你想，这位旅人听到了关于泉水与阴凉的知识，他的焦渴是否就解除了呢？"

善财童子说："不能。因为只有当他按对方的指示，真正到达泉水之处，喝它，并在其中沐浴，才能解除渴热，恢复体力。"

妙月长者说："年轻人，修行的生活也是这样。仅是学习、思考与增进知识，永远不能悟明真道。我所举的例子中，沙漠即是生死：从西而东者，即是一切众生；热是一切外境，渴是内心贪欲；从东而来者，是佛或菩萨，他是开悟的觉者，住于大智慧之中，而能透视一切真谛，他所告诉我们的，都是他自己已经亲自实践过的：饮清泉、解渴、除热。再者,年轻人,我要说另一个比喻:假如佛陀在世间再留一劫,用尽一切精确言词,用尽一切比喻描述,让众人得知甘露的美味与种种妙处。你想,世间众生,是否因听闻了佛说甘露的美好,就能亲身体验到它的美妙呢?"

善财童子说:"不能!甘露的滋味,只有亲口品尝才能知道。"

妙月长者说:"是啊!仅仅听闻与思考,永远不能使我们认知般若波罗蜜。"

善财童子心领神会。后来,他继续参学,终于功德圆满,大彻大悟了。

掌握知识并不等于拥有智慧,但只要你能将知识运用到实践中去,知识就可以转换为智慧,解决我们生活中的问题,这也是王阳明所推崇的"致良知"之道。

第二章

"学谦恭，循礼义"

——律己敬人，在谦虚中修炼自己

"学谦恭，循礼义。"

——摘自《王阳明家训》

❋ ❋ ❋

谦恭不是一种姿态，而是一个人内在品德和修养的高度表现。它不因学问博雅而骄傲自大，也不因地位显赫而处优独尊，相反，谦恭者学问愈深愈能虚心谨慎，地位愈高愈能以礼待人。

谦恭和礼仪，是相辅相成的；我们内在的谦恭，化作外在的礼仪。假如只有外在的谦恭而没有内在的谦恭，这就是虚伪。

现在人的毛病，大多只因一个傲字；千罪百恶，都从傲上来。"傲"的反义词为"谦"，"谦"字便是对症治"傲"的药。做人不但容貌举止要表现出谦虚恭谨，内心也必须保持恭敬、节制、礼让，要常常看到自己的不对，真正能够虚心接受他人意见。

1. 千罪百恶，都从傲上来

为子而傲必不孝，为臣而傲必不忠，为父而傲必不慈，为友而傲必不信。故象与丹朱俱不肖，亦只一傲字，便结果了此生。胸中切不可有（我），有即傲也。

——《传习录》

✻　✻　✻

傲慢，不是件好事，是人生的一种病垢。王阳明认为，傲慢带来的后果是，子女不孝，臣子不忠，父母不善，朋友不诚。所以，尧的儿子丹朱和舜的弟弟象的品行都不好，并因为傲慢误了自己一生。大家应该不时地想想这个故事。人之初，心是最自然的，纯洁透明，不受任何污染，只是不懂"自我"而已。人的心里要无私，不要把自己看得太重，否则就是傲慢了。古时候很多人因为把自己看得很轻，而成了圣人。达到忘我的境界，就会懂得谦卑，懂得谦卑就会对人充满善意；而傲慢，则是一切不良行为的源头。

"如有周公之才之美，使骄且吝，其余不足观也已。"这是孔子对傲慢的批判。意思是说，如果一个君主自高自大又吝啬小气，那么无论他多有才华，即使和周公一样，也不值得一提。"九牛一毫莫自夸，骄傲自满必翻车。历览古今多少事，成由谦逊败由奢。"意思就是说，人，不能取得一点小小的成就就自以为是，过于高估自己将带来灾难。翻看历史，那些成功的人都很谦逊，而那些失败的人都是桀骜不驯的。有句话说得好"天外有天，人外有人"，你知道的人家未必就不知道，只是人家心照不宣罢了；你做的那些事，人家也会，但是人家觉得只是小事一桩。

有时，人们会因为一点小小的成绩就自以为了不起了，认为没有人比得过自己，随之忘乎所以，以为全世界只有自己才能做到。于是，"傲慢病"让人蒙蔽了双眼，失去理性的判断，影响生活、事业，最后性命也逃不出"傲慢"的危害。

三国时期，祢衡很有文才，在社会上是非常有名气的。但是，他恃才傲物，从来都不把别人放在眼里，经常说除了孔融和杨修，"余子碌碌，莫足数也"。他容不得别人，别人自然也容不得他。所以，他"以傲杀身"，最后为黄祖所杀。

一开始，祢衡经过孔融的推荐，去见曹操。见礼之后，曹操并没有立即让祢衡坐下。祢衡仰天长叹："天地这么大，怎么就没有一个人！"曹操说："我手下有几十个人，都是当今的英雄，怎么能说没人呢？"

祢衡说："请讲。"曹操说："荀彧、荀修、郭嘉、程昱机深智远，就是汉高祖时候的萧何、陈平也比不了；张辽、许褚、李典、乐进勇猛无敌，就是古代猛将岑彭、马武也赶不上；还有从事吕虔、满宠，先锋于禁、徐晃；又有夏侯惇这样的奇才，曹子孝这样的人间福将。怎么能说没人呢？"

祢衡笑着说："您错了！这些人我都认识：荀彧可以让他去吊丧问疾，荀修可以让他去看守坟墓，程昱可以让他去关门闭户，郭嘉可以让他读词念赋，张辽可以让他击鼓鸣金，许褚可以让他牧羊放马，乐进可以让他朗读诏书，李典可以让他传送书信，吕虔可以让他磨刀铸剑，满宠可以让他喝酒吃糟，于禁可以让他背土垒墙，徐晃可以让他屠猪杀狗，夏侯惇称为'完体将军'，曹子孝叫做'要钱太守'。其余的都是衣架、饭囊、酒桶、肉袋罢了！"

曹操听了很生气，说："你有什么能耐？"祢衡说："天文地理，无所不通，三教九流，无所不晓；上可以让皇帝成为尧、舜，下可以跟孔子、颜回媲美，怎能与凡夫俗子相提并论！"这时，张辽站在旁边，拔出剑要杀祢衡，曹操阻止了张辽，悄声对他说："这人名气很大，远近闻名，要是把他杀了，天下人必定说我容不得人。他自以为很了不起，所以我要他任教吏，以便侮辱他。"一天，祢衡去面见曹操，曹操特意告诉看门人："只要祢衡到了，就立刻让他进来。"

祢衡衣衫不整，还拿了一根大手杖，坐在营门外，破口大骂，使曹操侮辱祢衡的目的没能达到。有人又对曹操说："祢衡这小子实在太狂了，把他押起来吧！"曹操当然也很生气，但考虑后还是忍住了，说："我要杀他还不容易？不过，他在外总算是有一点名气。我把他送给刘表，看看结果又会怎么样吧。"就这样，曹操没有动祢衡一根毫毛，让人把他送到刘表那儿去了。

到了荆州，刘表对祢衡不但很客气，而且"文章言议，非衡不定"，但是祢衡骄傲之习不改，多次奚落、怠慢刘表。刘表又出于和曹操一样的动机，把他送给了江夏太守黄祖。

到了江夏，黄祖也能"礼贤下士"，待祢衡很好。祢衡常常帮助黄祖起草文稿。有一次，黄祖曾经握住他的手说："大名士，大手笔！你真能体察我的心意，把我心里想说的话全写出来啦！"但是，后来在一条船上，祢衡又当众辱骂黄祖，说黄祖"就像庙宇里的神灵，尽管受大家的祭祀，可是一点儿也不灵验"。黄祖下不了台，恼怒之下，把祢衡杀了，祢衡死时不到三十岁。曹操知道后说："迂腐的儒士摇唇鼓舌，自己招来杀身之祸。"

祢衡短短的一生,没有经过什么大事,我们很难断定他究竟才高几何;然而狂傲至此,即便有孔明之才,也必招杀身之祸。可见,自视清高会带来什么样的后果。

俄国心理学家巴甫洛夫曾说:"不要让骄傲支配了你们。由于骄傲,你们会在该同意的时候固执起来;由于骄傲,你们会拒绝有益的劝告和友好的帮助;而且,由于骄傲,你们会失掉客观的标准。"正是如此,傲慢让祢衡丢了性命。

大多傲慢的人,太过自信,甚至有些狂妄,在他们眼中,自己只有优点,没有缺点,自己所做、所想的都是正确的;而且这类人爱把自己的优点跟人家的缺点比较,所以越发自我感觉良好,别人什么都不如自己。苏格拉底曾说:"傲慢是无知的产物。"这些傲慢之人却不以为然。

相传南宋时江西有一名士傲慢之极,凡人不理。一次他提出要与大诗人杨万里会一会,杨万里谦和地表示欢迎,并提出希望带一点江西的名产配盐幽菽来。名士见到杨万里后开口就说:请先生原谅,我读书人实在不知配盐幽菽是什么乡间之物,无法带来。杨万里则不慌不忙从书架上拿下一本《韵略》,翻开当中一页递给名士,只见书上写着:"豉,配盐幽菽也。"

原来杨万里让他带的就是家庭日常食用的豆豉啊!此时名士面红耳赤,方恨自己读书太少,后悔自己为人不该傲慢。

王阳明劝诫世人要谦虚、谨慎,否则,人生路上将遭遇更多的苦恼。古时候尧、舜、禹、孔子等都是温良恭俭让、谦虚自省的典范。王阳明认为人生最大的美德就是谦虚自省,而王阳明自己也做到了这一点：他明明为朝廷立下汗马功劳，但是却拒绝加封；他遭人诽谤却从不辩驳；当他的学生们都为他高尚的品德称颂时，他却认为，"天外有天，人外有人"，比自己做得好的人多了去了。

孔子曾说："聪明圣知，守之以愚；功被天下，守之以让；勇力抚世，守之以怯，富有四海，守之以谦：此所谓挹而损之之道也。"意思是说，一个人，聪明有智慧又安之于愚，有所成就又谦让自持，拥有让世界震撼的勇气却能守之以怯懦，家财万贯，但能谦逊自守，这就是克制自己骄傲自满的方法！若一个人真的能戒骄戒躁，谦卑恭顺地为人处世，那么这个人不获得成功也难。

2. 不骄不躁，平易近人

人生大病，只是一傲字。

——《传习录》

❊　❊　❊

从正德十一年至嘉靖七年王阳明病故，十二年时间，王阳明经历了大小战役共六次，一次也没有失败过，这是因为他深知"位高不自居，功高不自傲"的道理。

古代，对于那些打了胜仗的功臣，皇帝都会提拔升职，再赐予金银珠宝，但是王阳明根本不在乎权贵，也不注重名利。他这一生加官进爵七次,其中五次都是因为征战有功,但这五次他都申请辞官,最后也都因为皇帝的挽留,才勉强继续为朝廷办事。在王阳明看来,骄傲是人生的大敌:骄傲的子女,不会孝顺父母;骄傲的臣子,不会忠于君主。一个骄傲的人,心中只有自己,是一种自私的表现。如果能做到忘我,那么,人就会谦虚谨慎,更容易进步。在王阳明眼中,骄傲是人类所有恶劣品质之最。

年羹尧,字亮工,号双峰,祖籍安徽怀远县,后来搬到了山海关;他们家世代为清朝廷征战出力,立下了许多汗马功劳,年羹尧的父亲还曾经做过湖北总督。

他1700年考上了进士,开始进入仕途,只用了九年就当上了四川总督,成了封疆大吏。这时候,正是西北边境战乱不断的时期,当时的皇帝康熙让他当四川总督,就是希望他能够镇压西北边境的叛乱。当然,年羹尧也没有让康熙皇帝失望。

在1718年参与平定西北边境的过程中,年羹尧表现出了非凡的才干。他当时负责清军队的后勤保障工作,由于熟悉边疆的情况,人际关系搞得还挺好,所以,虽然运送粮草的路途艰险,他的工作完成的还是十分出色。因此,第二年,他就被提拔为川陕总督了,成为西北最重要的官员。

由于年羹尧从小曾经在雍亲王胤禛的家里待过,因而一直视胤禛为他的主人,而后来胤禛能登基成为雍正皇帝,年羹尧也曾立下过汗马功劳。

即位后的雍正当然十分信任年羹尧,把西北地区的军事民政全部交给了他,在官员任命上,雍正也经常征求他的意见。不光这些,他的家人也受到了雍正的关照,年家的人大大小小基本上都受过雍正皇帝的封赏。这时,随着权力的日益增大,年羹尧自傲了。他到哪儿都以功臣自居，眼里根本看不见别人。

他去北京，京城的王公大臣都去郊外迎接他，他对这些人连看都不看，非常地无礼。这还不算，有时候他连他的主子雍正皇帝也敢冒犯，有一次在军中接受圣旨，按理说应该摆下香案，跪下接旨，但他就随便一接了事，这令雍正心里很不舒服。

此外，他还大肆地收受贿赂，随便任用官员，扰乱国家秩序。他出门的时候威风凛凛还不算，就连他家的教书先生回趟江苏老家，江苏全省的官员都要到郊外迎接。雍正渐渐地对他忍无可忍了。

1726年初，年羹尧给雍正进贺词的时候，竟然把话说错了，赞扬的话变成了诅咒的话，雍正便以此为借口，抓了年羹尧，此后又罗列了多条罪状，将他彻底打倒。最后他被雍正逼死在狱中。

年羹尧被杀是自找的。雍正登基以后，他恃功自傲、专权跋扈、乱劾贤吏和苛待部下，引起朝野上下公愤。更严重的是，他任人唯亲，形成庞大的年羹尧集团。而且，他在皇帝面前"无人臣礼"，这样的人不被杀才怪呢！

骄傲是一个人前进路上最大的阻力，它总是怂恿人们孤芳自赏、洋洋自得，自我感觉超过了现实。这种虚幻的良好感觉是无知、偏狭和傲慢的表现，是与积极进取、朴实和谦恭背道而驰的。这种错误思维在伤害他人的同时，也在伤害自己——它会使你远离现实，阻止你达到完美和正直。

从不好大喜功的王阳明最常做的事情，就是出巡：视察民情，体察民生。他深知自己为官不是为贪图享乐，而是为老百姓服务，为实现他心中救国救民的抱负。

其实像王阳明一样能做到"官高不自居，功高不自傲，高调做事，低调做人",是比较困难的,一个人没有较高的修为是无法做到的。怎样做人、怎样做事实际是一门高深的学问。真正有智慧的人,在取得成就时都很谦卑,从来都在默默无声、兢兢业业的奋斗中干出一番成绩。明朝的开国功臣徐达就是个很好的例子。

徐达,濠州人,出身于一个农民家庭,儿子与朱元璋关系很好。他聪明能干,有勇有谋,为朱元璋打下江山立下汗马功劳,于是深得朱元璋的宠爱。

但是,徐达从不因为自己得宠而自傲。每一年的春天,他都挂帅出征,到了冬天,他就回来。回来后,他会把将帅印还给朝廷,自己回到乡下过俭朴生活。

朱元璋也曾对他说:"徐兄为江山社稷立下汗马功劳,却从未享受过朝廷的优待,我把我的旧宅邸赐予你,你就享受下生活吧。"

朱元璋所说的旧宅邸,是他当皇帝前做吴王时住的府邸,但是被徐达拒绝了。于是,朱元璋用计徐达请到旧府邸吃饭,然后把徐达灌醉;等徐达半夜酒醒过来,才知自己身处"旧邸"。

徐达在惊吓中跳下床,跪在地上自呼"罪该万死"。朱元璋知道后,为有这样谦恭的臣子感到高兴,于是让人在自己的旧邸前修建了一所新宅邸,并立了一块上面有亲书"大功"二字的牌坊。

后来,朱元璋赐给徐达了一块沙洲,由于沙洲关系到农民的灌溉,徐达的手下借此发财。徐达知道后,二话不说就将此地还给了皇帝。

没有人会喜欢骄傲的人,无论这个人有多么优秀,创造出了多么伟大的功绩。谦虚才是人们所欣赏的品质,因为谦虚的人才会懂得站在他人的角度思考问题,人们喜欢的就是这种被尊重、被重视的感觉。

王阳明曾说，傲是一种可怜的自以为是，而谦虚才是一种竞争的优势，那些有真才实学的人，都是大智若愚，谦卑恭让的。所以大家在取得成绩的时候，要提醒自己，自己所做的一切都是应该的，自己会做的，人家也会做。只有在做出成绩的同时，又懂得谦卑礼让，才会得到大家的肯定。

3. 谦让，受益的不只是自己

处朋友，务相下得益，相上则损。

——《传习录》

❋　❋　❋

有这么一个故事：

从前，有两位很虔诚、很要好的教徒，决定一起到遥远的圣山朝圣。两人背上行囊、风尘仆仆地上路，誓言不达圣山朝拜，绝不返家。

两位教徒走了两个多星期之后，遇见一位白发年长的圣者，这圣者看到两位如此虔诚的教徒千里迢迢要前往圣山朝圣，就十分感动地告诉他们："从这里距离圣山还有十天的脚程，但是很遗憾，我在这十字路口就要和你们分手了；而在分手前，我要送给你们一个礼物！什么礼物呢？就是你们当中一个人先许愿，他的愿望一定会马上实现；

而第二个人,就可以得到那愿望的两倍!"

此时,其中一教徒心里一想:"这太棒了,我已经知道我想要许什么愿,但我不要先讲,因为如果我先许愿,我就吃亏了,他就可以有双倍的礼物!不行!"而另外一教徒也自忖:"我怎么可以先讲,让我的朋友获得加倍的礼物呢?"于是,两位教徒就开始客气起来,"你先讲嘛!""你比较年长,你先许愿吧!""不,应该你先许愿!"两位教徒彼此推来推去,"客套地"推辞一番后,两人就开始不耐烦起来,气氛也变了:"你干吗?你先讲啊!""为什么我先讲?我才不要呢!"

两人推到最后,其中一人生气了,大声说道:"喂,你真是个不识相、不知好歹的人耶,你再不许愿的话,我就把你的狗腿打断、把你掐死!"

另外一人一听,没有想到他的朋友居然变脸,竟然来恐吓自己!于是想,你这么无情无意,我也不必对你太有情有义!我没办法得到的东西,你也休想得到!于是,这一教徒干脆把心一横,狠心地说道:"好,我先许愿!我希望——我的一只眼睛——瞎掉!"

很快地,这位教徒的一个眼睛马上瞎掉,而与他同行的好朋友也立刻两只眼睛都瞎掉了!圣者实现了他们的愿望。

这个故事看似可笑夸张,但现实生活中也是常见的。好朋友之间不能相互攀比嫉妒,谦让才能使友谊长存;若是选择了比较,那么受伤的则是双方。

从这里我们可以看出,"谦让"才是让友谊更加深厚的交友之道。

谦让,顾名思义即谦虚、忍让。故事中的两位教徒若是能稍稍谦让一些,让自己受益较对方少一点,就会收获不一样的结局,而这个结局只会皆大欢喜。但是心胸狭隘的双方在关键时刻都忘记了谦虚和忍让,反而让妒忌冲昏了头脑，做下了伤害彼此的事，这可真是得不偿失。

王阳明的交友之道告诉我们，一个人若想得到一份真挚的友情，受到他人的认同和欣赏，谦卑、忍让是必需的处世方式；若是你事事都以自我利益为中心而不管不顾他人感受，那么友情，甚至是爱情、亲情都会与你越行越远，让自己从此孤独一生。

一个人立身处世最惬意的方法就像《菜根谭》中所说的"路留一步，味让三分"。行走于狭窄小径时，请留一点余地给朋友；品尝美味佳肴时，请将可口之物留一些给朋友。如此，朋友将不会远走，人生也将不会孤独。

与朋友相处，让一步海阔天空，天长日久，朋友在感受到你的真情后，便会学习你的处世之道，对你谦和有礼，所谓"退步原来是向前"，说的就是这个道理；待人接物，用宽大的心怀包容他人，给予他人方便，才能获得日后双方的愉快相处。

4. 少一些批评责备，多一些表扬鼓励

大凡朋友，须箴规指摘处少，诱掖奖劝意多，方是。

——《传习录》

❋　❋　❋

王阳明倡导，朋友之间相处，应该少一些指责、责备，多一些鼓

励、赞扬,这样才能很好地保持良好的友谊。生活中,我们更应该对周遭的人都采取这样的交往方式,少一些批评责备,多一些表扬鼓励,这样才能让双方愉快相处,共同成长。

王阳明有一个朋友,经常发脾气,责怪他人,王阳明提醒他说:"学功夫应该反省自己。如果只是责怪别人,只看见别人的不对,就看不见自己的差错。如果能反省自己,就会发现自己有许多不足之处,哪有工夫责备他人?舜能化解其弟象的傲气,其诀窍只是不看象的不对。如果舜一定要纠正他的奸恶,就看见象的不对了。象是一个傲慢的人,一定不肯示弱,如何感化得了他?"

这个朋友听了很感动,对平日经常责人的行为感到后悔。王阳明又说:"你今后尽量不要去议论别人的是非,有时忍不住责怪了别人,就要当成犯了一件大错,尽量改正。"

批评,是一个十分简单的行为,你可以逮着他人的小过失提出很多观点:这个人能力低下,考虑事情既不全面又没有逻辑性,还无法做到持之以恒等等。但是,我们要做的是更深入地观察,在他人做事的时候多看到并提出他的优点,让其有兴趣持之以恒地做完这件事,并在做事的过程中找到自信。这样做,不仅让自己多了一个好帮手,更是对此人的一生起到了积极作用。

王阳明交友,往往用探讨的方式交换不同观点,很少指责别人的错误,除非对方确实错得很明显,他才略说一二,并且还会尽量为之化解,以保全其面子。

有一次,一个新来的学生,针对他"人欲减一分,天理复一分"的观点，提出异议说："欲于静坐时将好名、好色、好货等根逐一搜寻，扫除廓清，恐是剜肉做疮否？"

王阳明正色道："这是我医人的方子，真是去得人病根。更有大本事人过了十数年，亦还用得着。你如不用，且放起，不要作坏我的方子。"

那个学生很惭愧。过了片刻，王阳明又宽慰道："此量非你事，必吾门稍知意思者，为此说以误汝。"

如此一说，学生的心情好多了。

对朋友的规谏，有一个要点：真诚。你若借指出对方的错误而自显高明，哪怕你的话说得对，对方也不会接受。因为你踮起脚尖比高，只是拿对方的错误当垫脚石，并无为对方着想的真心。你若真心实意为对方好，对方感受到了，自然乐意接受你的意见。

战国时期，楚庄王有一匹马，他把这匹马看得比人都重要；他给马披上锦缎，把马养在华丽的房舍里，还给马铺床垫，并用枣脯喂养这匹马。可是，也许是因为马吃得太好了，不久就患病死了。楚庄王非常难过，不仅准备给马做棺材，还要用安葬大夫的礼仪来安葬马，并下令让全体大臣给马戴孝。

对于楚庄王的这种荒唐做法，群臣一致反对，纷纷上书劝谏楚庄王别这样做，但楚庄王不但不听劝谏，还下令说："谁再敢劝我，格杀勿论。"

慑于楚庄王的淫威，群臣们再也不敢进谏了。优孟听说此事之后，马上来到殿前仰天大哭，楚庄王见他哭得这么伤心，就问他为什么哭。优孟说："这死去的马是大王最疼爱的，楚国是堂堂大国，用安葬大夫的礼仪安葬它，给它的待遇太薄了。一定要用安葬国君的礼仪来安葬它。"

乍听之下，楚庄王觉得优孟不是来拼死劝谏的，而是支持他的主张的，不觉得心头一喜，高兴地问："照你看来，应该怎样举行这个葬礼才好呢？"

优孟清了清嗓子，慢吞吞地说："依我看来，要用雕工精细的石头做棺材，用耐朽的樟木做外椁，用上等木材围护棺椁；派士兵挖掘墓穴，命男女老少都去挑土修墓；还要让齐王、赵王陪祭在前面，让韩王、魏王护卫在后面；还要给马建一座寺庙，封它万户城邑，每年把税收拿来作为祭马的费用。"

说到这里，优孟话锋一转："这样，诸侯听到大王对死马如此厚葬，就都知道大王以人为贱而以马为贵了。"

听到这里，楚庄王意识到作为一个统治者不能让人觉得他重马轻人，否则，必然会被世人厌弃。意识到问题的严重性之后，他马上说："寡人要葬马的错误竟到了这么严重的地步吗？那么该怎么办才好呢？"

优孟说："请让我用葬六畜的办法来为大王葬马吧：用土灶做外椁，用大锅做棺材，用姜枣做调料，用木兰除腥味，用禾秆做祭品，用火光做衣服，把它葬在人的肚肠里。"最后楚庄王听从了优孟的劝谏，派人把死去的马交给御厨处理。

在这里，优孟没有直接说出自己的意思，而是从相反的方向表达支持和鼓励，最后才调转话锋，表达了自己的反对意见，让楚庄王意识到问题的严重性，最后接受了他的劝谏。

《佛说尸迦罗越六方礼经》谈了真诚交友的五大要诀，很有启发意义，你若能行此五条，朋友自然不会怀疑你的真诚："一者见之作罪恶，私往于屏处，谏晓呵止之；二者小有急，当奔趣救护之；三者有私语不得为他人说；四者当相敬难；五者所有好物，当多少分与之。"

"见之作罪恶，私往于屏处，谏晓呵止之"，意思是说看见朋友犯了过失，应该在私下里、无外人在场时进行劝说。"谏"是直言相劝，"晓"是讲清道理，"呵"是大声斥责，"止"坚决制止。"谏晓呵止"四字，准确表达了劝诫朋友的步骤和合理方式。以尊重为先，劝他不要犯错。如果对方懂道理，一劝即听，那是再好不过了，目的达到了，又省了许多口舌；如果对方不懂道理，就要耐心地分析利弊，使对方知道后果。如果对方明知不对，仍然执意犯错，这时就顾不上他的面子，应该大声呵斥，严厉制止。假设对方不顾利害，仍然执意去做，那就没办法了。一般来说，有外人在场时，大都会坚持自己的意见，明知错了也不愿意承认，因为怕丢面子，所以一定要选择私人场合进行劝说。

"小有急，当奔趣救护之"，当朋友有急事需要帮忙，应该赶紧设法予以帮助。你将友情落实在行动上，朋友自然相信你的真诚，认为你"够意思"。说得动听，做得难看，对朋友的困难袖手旁观，这样的人算是朋友吗？

"有私语不得为他人说"，保护朋友的隐私、机密，不得告诉第三者。朋友信任你，才跟你分享隐私、机密，泄露给别人，辜负了朋友的信任，甚至会给朋友造成伤害，是严重的不义行为。

"当相敬难"，朋友之间要相互敬重。"难"，即再难也要做的意思。路上相遇，点点头、问声好，不难，只要面熟都可做到；停下来，握握手，嘘寒问暖，难度稍大，熟人之间才可做到；亲友结婚，发个祝福，送个礼物，更难一点，恐怕要是朋友才行；亲自去参加婚礼，乃至从外地搭飞机去参加婚礼，就更难了。总而言之，你尽礼的方式越难，越能表明对方在你心目中的重要性，双方的友谊越深厚。

"所有好物，当多少分与之"，自己得了好东西，跟朋友分享。如果自己条件好，适当接济朋友中的贫弱者，还是应该的。在这方面，犹太人的经验值得借鉴:比如自己发财了,便设法帮助亲戚、朋友经营生意,使他们走上致富之路。犹太人无论居住在哪个国家,最后都会成为富有群体,原因就在于他们的互助精神。当你尽心尽力帮助朋友发展事业时,朋友还会怀疑你的真心吗?对你的话,朋友自然容易听进去了,即使听不进去,也不会对你的话产生反感。

但是,无论对朋友的"箴规指摘"多么真诚和讲究方法,还是少一点比较好,以免让朋友误以为你是一个喜欢挑刺的人。而"诱掖将劝"则不妨多一点。王阳明就特别喜欢以"诱掖"的方式劝人。例如,王阳明的学生邹守益被流谪到安徽广德时,自我反省对王阳明说,他的遭贬,"只缘轻傲二字",王阳明马上鼓励他:"知轻傲处,便是良知,致此良知,除却轻傲,便是格物。"

绍兴知府南大吉近狂而不傲,豪旷不拘小节,因喜爱"心学",主动请求给王阳明当门生。有一次,他问王阳明:"我办事有很多过失,先生何无一言?"

王阳明反问:"你有何过?"

南大吉一一说了自己的过错。

王阳明说:"我早就给你指出来了。"

南大吉莫名其妙地问:"什么时候?"

王阳明说:"我不说,你怎么知道自己的过失呢?"

南大吉说:"良知。"

王阳明说:"良知不是我经常讲的吗?"

南大吉笑谢而去。

过了几天,南大吉又来忏悔,说觉得自己的过失更多了。王阳明称赞说:"昔镜未开,可得藏垢。今镜明矣,一尘之落,自难住脚。此正入圣之机也，勉之！"

　　王阳明强调"学贵自得""学贵心会"，如果一个人全不觉悟，对自己的过失全不反省，指责也是没有用的，徒然增加双方的不快。他以前难道看不到南大吉的过失吗？让南大吉自己觉悟，然后加以"诱掖"，效果自然好多了，而且双方都很开心，不是更有利于维持双方的情谊吗？

5. 猜疑别人，也就是否定自己

　　以是存心，即是后世猜忌险薄者之事；而只此一念，已不可与入尧、舜之道矣。

——《传习录》

❉　❉　❉

　　王阳明认为，存心去体察别人的欺诈与虚伪，是后世猜忌、阴险、刻薄的人做的事情。只要存有这一念头，就进入不了尧舜圣道的大门。由此可见，猜疑他人，只能使自己离致良知的道路越来越远。

　　猜疑是一种狭隘、片面的，缺乏根据的盲目想象。如果猜疑发生在朋友之间，会破坏纯真的友谊；发生在恋人之间，会阻碍感情的发展；发生在同事之间，会影响正常的工作。猜疑心理不但害人，而且害己，哪怕是一点点猜疑，也可能让你失去最珍贵的东西。

猜疑别人也是在怀疑自己。我们的心时而被猜疑打开,时而又被猜疑关闭。猜疑是一种矛盾心理的体现,过分猜疑极容易转变成病态;而过分相信,又很容易被人愚弄。猜疑使我们产生犹疑,不能果断地处理问题,从而错失许多良机。猜疑会产生许多痛苦的想法,使我们长夜难眠。因此,化解那些不必要的猜疑的最好的方法就是相信自己。正常的人很难摆脱猜疑,良好心态基础上的猜疑使我们保持理智,而狭隘的猜疑使我们丧失信心和斗志。

两个人结伴横过沙漠,水喝完了,其中一人中暑不能行动。剩下的那个健康而饥渴的人对同伴说:"你在这里等着,我去找水。"他把手枪塞在同伴的手里,说:"枪里有五颗子弹,记住,三小时后,每小时对天空鸣枪一次,枪声会告诉我你所在的位置,我就能顺利找到你。"

两人分手后,一个人充满信心地去找水了,另一个满腹狐疑地躺在那里等候,他看着手表,按时鸣枪,但他一直相信只有自己才能听到枪声;他的恐惧加深,认为同伴找水失败,中途渴死,不久又想一定是同伴找到了水,却弃自己而去。看来,他还是靠不住啊,我平时也没得罪他呀。到应该开第五枪的时候,他悲愤地想:"这是最后一颗子弹了,同伴早已听不到我的枪声了,等到这颗子弹用过之后,我还有什么依靠呢?只有等死了,而在临死前,秃鹰会啄瞎我的眼睛,那时该多么痛苦,还不如……"于是他把枪口对准自己的太阳穴,扣动了扳机。

不久那个提着满壶清水的同伴领着一队骆驼商旅循声而至,但是他们找到的只是一具尸体。

在沙漠里等候的人不是被沙漠的恶劣环境吞没,而是被自己的猜疑毁灭。面对友情,他用猜疑代替了信任。猜疑是可怕的,由于不相信别人,可能会使自己陷入了困境,甚至丢掉了性命。虽然在生活中,难免会出现意外，我们免不了对自己的情况产生怀疑，但如果对任何事情都无端怀疑，整天疑神疑鬼，就是病态的心理了。这种人整天忧心忡忡，总觉得无论自己做什么事、说什么话，都有人在评论自己，甚至总有人跟自己过不去。其实每个人都有自己忙不完的工作，没有太多闲情逸致去管别人的事。

美国哲学家培根说："猜疑的根源产生于对事物缺乏认识，所以多了解情况是解除疑心病的有效办法。"要采取用事实说话的方法，逐步消除自己的猜疑心。当你疑心别人在讽刺你、轻视你的时候，不要马上采取行动，先观察一下，你的猜疑是否正确。不妨设身处地地去为对方设想一下，看他的言行是否合乎情理。这样一来，也许你会发现，事情常常和你猜想的不一样。多做深入的调查了解，能避免感情用事。多疑的人应对别人直言相告，坦诚相处，彼此间有了信任，猜疑的基础就不存在了。如果对某人产生了猜疑，则可以主动与对方接触，开诚布公地谈一谈，多沟通思想，互相交心。这样不但可以消除误会，驱散疑云，还能进一步增进彼此间的友谊，并且融洽关系，加强信任，有利于团结一致、携手前进，因多疑而引起的焦虑苦恼也将一扫而光。

贞观初年，有人上书请求清除邪佞的臣子。太宗问这个人说："我所任用的都是贤臣，你知道哪个是邪佞的臣子吗？"那人回答说："臣住在民间，不能确知哪个人是佞臣。请陛下假装发怒，用来试验群臣，如果能不惧怕陛下的雷霆大怒，仍然直言进谏的，就是忠诚正直的人；如果顺随旨意，阿谀奉承的，就是奸邪谄佞的人。"

这个人的办法看起来非常聪明，但是太宗却说："流水的清浊，在于水源。国君是政令的发出者，就好比是水源，臣子百姓就好比是水；国君自身伪诈而要求臣子行为忠直，就好比水源浑浊而希望流水清澈一样,这是不合道理的。我常常因魏武帝曹操为人诡诈而特别鄙视他,如果我也这样,怎么能教化百姓?"

于是,太宗对上书劝谏的人说:"我不想用伪诈的方法破坏社会风气。你的方法虽然很好,不过我不能采用。"

不管对谁,都需要诚心诚意地对待,我们才能够得到对方的信任。不应通过一些看似聪明的障眼法,来试探对方。因为当自己都失去了诚意的时候,就不可能再要求被别人真心实意地对待。

事情成功与否,取决于有多大的诚意。真诚,乃为人的根本。如果你是一个真诚的人,人们就会了解你、相信你;不论在什么情况下,人们都知道你不会掩饰、不会推托,都知道你说的是实话,就乐于同你接近,因此也就容易获得好人缘。

以诚待人处世,能够架起信任的桥梁,能够消除猜疑、戒备的心理,能够成大事,立大本。

6. 低头是一种成熟的智慧

士傲命蹇焉。

——《官讳经》

❈ ❈ ❈

在古越这片土地上,越王勾践卧薪尝胆最终报仇复国的精神最见越人气性。王阳明在为人作序时，常落款是"古越阳明子""阳明山人""余姚王阳明"等，他以生为越人为荣。王阳明自幼受古越民风滋润，也深悟"卧薪尝胆"的精髓。少年时王阳明曾去居庸关，了解古代征战的细节，思考御边方策，回来之后甚至还屡屡想上疏朝廷建言献策，这种狂妄的想法得到了父亲的斥责。面对父亲的呵斥，王阳明并没有昂首怒目，反而经常出游，"考察"居庸关，拜访乡村老人，询问北方少数民族的生活习俗，以探访各部落的攻守防御之策，为其"平安策"寻找可支撑的依据，最终写下了著名的关于边防军队改革的奏疏，初显他卓越的军事才能。

有时候，俯首比昂首怒目更有威严，为了实现自己的梦想，短暂的低头并不是一种懦弱，韬光养晦之道实则是一种积极进取的精神。诚如梁漱溟先生所言：儒家虽然提倡温良恭俭让，但实质宣扬的却是一种积极进取的精神。换句话说，暂时的俯身就是"以退为进，以柔克刚"，是一种方圆处世的态度。

民间有句谚语，说"低着头的是稻穗，昂着头的是稗子；低头的稻穗充满了成熟的智慧，而昂头的稗子只是招摇着空白的无知"。大哲学家苏格拉底曾说："天地只有三尺，高于三尺的人要想长久立于天地之间，就要懂得低头。"懂得低头便是一种智慧。

在秦始皇陵兵马俑博物馆，一尊被称为"镇馆之宝"的跪射俑前总是有许多观赏者驻足，他们为跪射俑的姿态和寓意而感叹。导游介绍说，跪射俑被称为兵马俑中的精华，中国古代雕塑艺术的杰作。

仔细观察这尊跪射俑：它身穿交领右衽齐膝长衣，外披黑色铠甲，胫着护腿，足穿方口齐头翘尖履，头绾圆形发髻；左腿蹲曲，右膝跪地，右足竖起，足尖抵地。上身微左侧，双目炯炯，凝视左前方，两手在身体右侧一上一下做持弓弩状。据介绍：跪射的姿态古称之为坐姿。坐姿和立姿是弓弩射击的两种基本动作。坐姿射击时重心稳，省力，便于瞄准，同时目标小，是防守或设伏时比较理想的一种射击姿势。秦兵马俑坑至今已经出土清理各种陶俑一千多尊，除跪射俑外，皆有不同程度的损坏，需要人工修复。而这尊跪射俑是保存最完整和惟一一尊未经人工修复的兵马俑，仔细观察，就连衣纹、发丝都还清晰可见。

跪射俑何以能保存得如此完整？导游说，这得益于它的低姿态。首先，跪射俑身高只有1.2米，而普通立姿兵马俑的身高都在1.8至1.97米之间。天塌下来有高个子顶着，兵马俑坑都是地下坑道式土木结构建筑，当棚顶塌陷、土木俱下时，高大的立姿俑首当其冲，而低姿的跪射俑受损害就小一些。其次，跪射俑做蹲跪姿，右膝、右足、左足三个支点呈等腰三角形支撑着上体，重心在下，增强了稳定性，与两足站立的立姿俑相比，更不容易因倾倒而破碎。因此，在经历了两千多年的岁月后，它依然能完整地呈现在我们面前。

综观中国历史，那些成熟的人，有成就的人，往往都具备了低调、忍让、不自高自大的品质。西汉的韩信，因忍受"胯下之辱"，专心研究兵法，练习武艺，终得刘邦重用；三国时期刘备再三低头：从三顾茅庐到孙刘联合，每一次低头，都会迎来"柳暗花明又一村"，终于成就"三足鼎立"的辉煌。

低头认输，对一个人来说或许很难，因为我们自打出生起就被教育要坚强不屈，勇往直前，不准轻易认输，总之是要打造一个硬汉的形象。然而，人生道路上，磕磕绊绊的事谁能遇不到？谁没做几件错误的事？明知错了还宁死不肯回头，那才是愚蠢。发现错误，敢于回头，这是种勇气，更是种智慧。人生的道路不可能是笔直的，需要走弯路的时候就选适当的小路，这样或许会更接近目标；前方无路可走的时候，不妨退回来，而退却，是为了更好的前进。

隋朝的时候，隋炀帝十分残暴，各地农民起义风起云涌，隋朝的许多官员也纷纷倒戈，转向农民起义军。隋炀帝的疑心很重，对朝中大臣，尤其是外藩重臣，更是易起疑心。唐国公李渊（即唐太祖）曾多次担任中央和地方官，所到之处，有目的地结纳当地的英雄豪杰，多方树恩立德，因而声望很高，许多人都来归附。这样，大家都替他担心，怕遭到隋炀帝的猜忌。正在这时，隋炀帝下诏让李渊到他的行宫去觐见，李渊因病未能前往，隋炀帝很不高兴。当时李渊的外甥女王氏是隋炀帝的妃子。隋炀帝向她问起李渊未来觐见的原因，王氏回答说是因为病了，隋炀帝又问道："会死吗？"王氏把这消息传给了李渊，李渊更加谨慎起来。他知道隋炀帝对自己起疑心了，但过早起事又力量不足，只好低头隐忍，等待时机。于是，他故意广纳贿赂，败坏自己的名声，整天沉湎于声色犬马之中，而且大肆张扬。隋炀帝听到这些，果然放松了对他的警惕。

试想，如果当初李渊不主动低头，很可能就被猜疑心正重的隋炀帝给除掉了，哪里还会有后来的太原起兵和大唐帝国的建立？老子说，当坚硬的牙齿脱落时，柔软的舌头还在；柔弱胜过坚硬，无为胜过有为。我们学会在适当的时候保持适当的低姿态，绝不是懦弱畏缩，而是一种聪明的处世之道，是人生的大智慧、大境界。

第三章

"节饮食，戒游戏"

——志存高远，专注是成功的基础

"节饮食，戒游戏。"

——摘自《王阳明家训》

❀　✽　❀

《论语》中说，君子食无求饱，居无求安，敏于事而慎于言。《黄帝内经》上也说"饮食有节"，这是古人对于饮食的态度。

至于戒游戏，则主要是立志。游戏一类令人玩物丧志。王阳明曾说："夫志，气之帅也，人之命也，木之根也，水之源也。"如果一个人沉迷于游戏嬉乐，日子长了，志气都消磨尽了，最终难成事业。

1. 不立志，必一事无成

志不立，天下无可成之事，虽百工技艺，未有不本于志者。

——《教条示龙场诸生》

❀　❀　❀

孟子说："天将降大任于斯人也，必先苦其心志，劳其筋骨，饿其体肤，空乏起身，行拂乱其所为，所以动心忍性，曾益其所不能。"自古以来，凡欲做大事者必先立志，志不坚则事必难成。

王阳明作为一代大儒，对立志与人生的关系，有着独到的见解，他说：一个人若是想要做出一番事业，首先要立志，否则就只会一事无成。不仅如此，即便是各种工匠技艺，也都是要靠着坚定的意志才能学成的。

确实如此。人们常说，一个人的理想往往决定了他的高度。燕雀焉知鸿鹄之志，鸿鹄是要像大鹏那样展翅翱翔于九天之高，尽收天下于眼中的；而燕雀不知道去千万里之远有何用，自然能够触及榆树和枋树就已经心满意足了。如翱翔于九天之大鹏一般，王阳明从小就胸怀大志，要读书做圣贤之人。

有一次，年仅十二岁的王阳明在书馆里问他的老师："何为第一等事？"老师回答说："唯读书登第耳。"王阳明竟持着怀疑的态度反驳道："登第恐未为第一等事。"老师反问他什么才是人生的头等大事，王阳明说："读书学圣贤耳。"

"读书做圣贤"这样大的志向正是出自少年王阳明之口，他认为登第当状元只是外在的成功，而读书做圣贤是追求内在的修养，才能够永垂不朽。大人看来，王阳明这样的口气未免有些张狂，甚至和他的年纪一比较，还带着点滑稽可笑的味道；但是这崇高的志向，对王阳明以后的生活产生了深远的影响，在思考和实践的过程中，他常常以此为标准来回答和解决生活当中出现的问题。

只要有了高远的志向，那么无论想成就什么事业都有了可能，所以立志是十分重要的。王阳明作为一位洞悉心灵奥秘、名贯古今中外的心学大师，正是在自己志向的带动下才一步一步走向成功的，即便后来受到种种磨难，他也没有放弃。

《传习录》记录了这样一个故事：

有一天，萧惠向王阳明请教圣人之道。王阳明说："圣人之学很简单，生活中随处可见，你总问我不应该怎样，而不愿听我对生活的感悟。"

萧惠很惭愧，于是向王阳明认错，表示愿意听他说的一切。王阳明说："你现在所说的并不是你发自内心的，你只是为了敷衍我。还是等你真正立志要做圣人之后，再问我吧。"

萧惠不甘心，于是再三地请教。王彦明说："我已经给你说了，而你还没有领悟到！"

王阳明所说的就是要有一颗真诚的要成为圣人的心。坚定了志向，剩下的就简单得多了。

王阳明的学生应元忠有一个浙江学生，这个学生因为跟应元忠学习后对有些问题还是不明白，于是，长途跋涉去拜访王阳明，希望能从先生这里得到开化，学习心学。

王阳明问他，从应元忠那里学到了什么。

他回答道："没有什么特别的，除了每天都告诉我要有成为圣贤的决心，不要放任自流。"

王阳明听他这么一说，觉得学生已经学到圣贤之道的方法了，自己也没有什么可再教授给他了。

学生觉得自己并不懂圣贤之道，于是，再三恳求王阳明教他。

王阳明说："你一个人从浙江过来，路途十分遥远，一路上你也遇到不少的困难，但是你并没有因为旅途未知的坎坷而半途而废，是不是有人强迫你呢？"

学生说："我因为对一些道理不明白，所以想投身于先生门下学习，虽然路途劳累，十分艰难，但是我不觉得辛苦，反而我的内心却无比愉快。旅途中的这点劳苦比起要学的决定就太渺小了，根本用不着别人来逼迫我！"

听学生这么说，王阳明抚须而笑："你所说的证明你已经得到了你想要的答案。你有投入到我的门下学习的志向，根本不需要任何人告诉你怎样来，你就越过千山万水，长途跋涉，克服一切困难来到这里。如果你发现内心想成为一位圣贤，用这种坚持不懈的方法，就能达到。别人能告诉你什么呢？你为了到我这里来，克服重重困难的方法，没有人教给你，但你还是做到了。"

经王阳明这么一说，学生才恍然大悟。

心态，对于一个人来说很重要。其实可以说，心态决定了一个人的成败。因为如果下定决心，人就会尽一切努力去实现它、完成它。

人的一生，既漫长又短暂，既复杂又简单。同时，又受到各方面的牵制，很容易被物质上的东西诱惑，迷失方向，最后一事无成。因此，想要成为一个有能力、有决心、有所成就的人，要怎样做呢？

"大丈夫四海为家"、"好男儿志在四方"，都说明了人们对于志向的一种追求。不要隅居于自己的狭小天地之中，做一只井底的青蛙，而应该走出去，看看外面的大千世界，去关注天下苍生，站在一个更高的立场去看待世间的万物，以一种更广阔的胸怀去面对自己的人生。只要在相信"天生我材必有用"的同时，努力使自己成为有用之才，那么远大的四方之志终会有实现的一天。

2. 志向正确，人生才能走对路

何廷仁、黄正之、李侯璧、王汝中、钱德洪侍坐，先生顾而言曰："汝辈学问不得长进，只是未立志。"侯璧起而对曰："琪亦愿立志。"先生曰："难说不立，未是必为圣人之志耳。"

——《传习录》

❀ ✽ ❀

人生当立志，立志要正确。志向对于人生有着重要的影响作用：正确的志向，会使人生的道路朝着好的方向发展；错误的志向，会使人生的道路自然沿着错误的方向发展。所以，只有树立正确的志向，我们才能朝着好的方向前进，人生才能取得成功。

阳明大师曾经与他的弟子们讨论过"正确立志"这个话题。何廷仁、黄正之、李侯璧、王汝中、钱德洪侍坐，先生顾而言曰："汝辈学问不得长进，只是未立志。"侯璧起而对曰："琪亦愿立志。"先生曰："难说不立，未是必为圣人之志耳。"这段话的意思是：有一天，何廷仁、黄正之、李侯璧、汝中、德洪陪着王阳明聊天，王阳明说："你们的学问没有长进，只是因为没有立志。"李侯璧站起来回答说："我也愿意立志。"王阳明说："很难说你没有立志，只不过你立的未必是要做圣人的志向。"阳明大师之所以倡导他的弟子树立做圣人的志向，是因为他认为人生要走对方向，即使以后做不了圣人，也应该成为一名贤者。

王阳明的意思是，正确的志向很重要而且要符合客观规律。

我们都知道"南辕北辙"这个故事。

战国时期，有个人驾着马车往北走，路人问他去哪，他回答说要去楚国。路人告诉他，要去楚国，应该朝南走；这个人说他的马好，他的车夫技术好，会很快到楚国的。路人就更疑惑了：方向反了，马跑得越快，车夫的技术越好，岂不是离楚国越远了吗？

这个故事告诉我们，在准备做一件事的时候，一定要慎重地考虑，务必确立一个正确的方向，这样才能充分地发挥自己的潜能；如果方向不对且不知修改，一错再错，那么潜能就算被激发，也只会起到相反的作用。在现实生活中，立下一个正确的志向常常决定了一个人的命运。

1993 年,李连杰主演的《太极张三丰》在香港上映,因为故事扣人心弦,表演细致入微,武打场面非常火爆,这部电影受到了广大市民的欢迎。

在电影故事里,君宝和天宝是少林寺里的一对师兄弟,两个人因为偷学少林功夫而被逐出少林寺。这时,他们遇到了人生道路选择的难题。面对生活的困苦,天宝立志要手握大权,因此甘愿受宦官的玩弄,充当他们的走狗;君宝却因为生性善良忠厚,立志劫富济贫,加入反暴政义士行列。从此以后,两兄弟分道扬镳,各走各路。

天宝成为宦官的走狗后,为了荣华富贵,竟然出卖君宝等义士,并因此而获得宦官的信任,掌握军权,实现了他的志向。而君宝虽然被兄弟出卖,备受打击,但是他在大家的帮助下,反而因祸得福,领悟了太极的真谛。

故事的最后,由于天宝死不悔改,继续迫害忠良,君宝决定替天行道,杀死天宝。可怜的天宝,由于生性残暴,连他的士兵都背叛了他,最后死在君宝的手里。

被逐出少林寺后,天宝立志名利,君宝立志侠义。人生的志向不同,所走的道路也不同,天宝走上了为宦官效忠、为虎作伥的道路;而君宝则走上了替天行道、劫富济贫的道路。人生的道路不同,最后的结局也不一样:天宝鬼迷心窍,出卖兄弟,残杀同僚,最后落得个失道寡助的下场;而君宝虽然被兄弟出卖,但是他宅心仁厚,受到了大家的欢迎,最后终于领悟太极的真谛,成为一代宗师。天宝和君宝同出少林寺,最后的结局却大不一样,究其原因,在于他们当初所立下的志向不同。

古人云："看其志向，便知其人如何。"因为每个人的心性和素养不同，所立下的志向也自然不同。有人反驳说这句话不对，难道一个杀人犯说自己要学做圣人，他的内心就一定是高尚的吗？这句话粗看有理，其实不值得推敲：真正的立志不是随口一说，而是要在实际行动中体现出来的。杀人犯如果真的立下学做圣人的志向，那么他的所作所为肯定会向圣人靠拢，怎么会去杀人呢？真正的志向给人们指明了人生的道路，人们一定会沿着这条道路前进，即使再苦再累，也有勇气和毅力一路走到底，不达目的决不罢休。

王阳明在很小的时候就树立了学做圣人的志向，他勤于反躬自省，时时发现本心，培养自己的高尚品德。当他被贬谪到贵州的时候，他没有放弃自己，因为他想做圣人，所以有了著名的"龙场悟道"的典故；他抓获了反叛的宁王，功劳却被皇帝抢了去。这时候他没有怨天尤人，因为他想做圣人，圣人怎么会计较这些世俗的名与利。"学做圣人"这个志向为王阳明照亮了前进的道路，所以他才能在错综复杂的大明王朝里安全地渡过一个又一个的难关，完成心学的研究工作，最终成为世人公认的一代儒学大师。

人生在世，无论做什么事，都需要立下一个正确的志向；正确的志向能够带来正确的方向和动力，二者结合，人生才能成功。如果方向偏了，没有动力会犯小错误，动力十足会犯大错误。人生的志向，决定了人生的命运。

3. 有目标的人生才有动力

志不立,天下无可成之事,虽百工技艺,未有不本于志者。

——《教条示龙场诸生》

❀　✸　❀

王阳明曾说过:"一个人想要成就一番事业,就要先立志。"

人们常说,一个人的志向决定了一个人的高度。"燕雀安知鸿鹄之志",鸿鹄要展翅高飞,翱翔于九天之外,将天下尽收眼中;燕雀因为没有那么远大的志向,所以对自己能够触及榆树就已经心满意足了。

展开你梦想的翅膀,立定目标,追求人生成功的领域,在扬起双翼的同时,不必怀疑自己不可能,只要你的目标看得够远,就能够飞得更高。给自己的人生立个志愿、树个目标,脚踏实地,成功的意识需要培养,先立志,再与成功约会。

王阳明之所以能成为一代大儒、名字响彻古今中外的心学大师,与他立下远大志向息息相关。即便在这个过程中,他受到种种磨难,也没能摧毁他的意志。其实,除了王阳明,古往今来,那些有所成就的人都有远大的志向,知道自己想要什么,然后向着目标努力奋斗。**所以,成就事业,立志是十分重要的。**

年仅 20 岁的曹操，刚入仕途就表现出不安于现状，努力打开新局面的作风。在任洛阳北部县尉时，鉴于权贵横行，搅得社会很不安宁的现状，曹操到任之初就赶制了十数根五色大棒，悬挂在大门左右，示曰："有犯禁者，不避豪贵，皆责之。"权重势大的宦官蹇硕的叔父，违反规定，提刀夜行，巡夜的曹操拿住这位无人敢惹的太岁，毫不留情地以棒责打，"由是，内外无敢犯者，威名颇震"。

黄巾起义后，曹操率兵参与镇压，由于战功显赫受封为典军校尉。董卓专权，朝政日非，曹操在刺杀董卓未果后，逃出京城洛阳回到家乡，一面假传皇帝诏书，号召各地讨伐贼臣董卓；一面在族人、友人的帮助下招募一支兵马，参加到了讨伐董卓的大军中。十八路诸侯与董卓小战之后，各怀私心，互相观望，任凭董卓劫持皇帝迁都长安。曹操对此大为不满，毅然率军追击，虽然兵败受伤，足见曹操与袁绍等辈不一样，是个勇于进取之人。曹操见十八路诸侯畏缩不前，不能成事，就率领残兵败将回到山东。青州黄巾军又起，曹操进兵镇压，得降卒万人，选拔精锐，号为"青州兵"。以兖州为根据地，曹操招贤纳士，广揽人才，"文有谋臣，武有猛将，威震山东"。接着，曹操在山东击败吕布，迎汉献帝到许昌，"挟天子以令诸侯"，除军事上拥有较强实力外，又把握了政治上的主动权。此后，曹操东征西讨，逐鹿中原，开始了兼并群雄的战争。

军阀张绣败而降，降而叛，最终被曹操吞并；妄自称尊的南方最大军阀袁术也被曹操彻底消灭；败而复起、骁勇善战的吕布被曹操斩草除根；刘备数次东山再起，数次被曹操击败，以至于在中原无法立足；官渡之战，曹操以劣势的兵力大破袁绍，此后接连进击，天下势力最强大的袁绍及其残余势力被消灭了，曹操夺得了冀、青、幽、并四州的广大土地。经过数年的征战，曹操基本上统一了北方。曹操又挥师南下，夺取了刘表据有的荆州。由于轻敌和急功近利，曹操在赤壁遭受孙权和刘备的沉重打击。然而曹操并没有一蹶不振。赤壁之战后，他不仅统兵入关，消灭了马超、韩遂势力，进军汉中，消灭了张鲁，而且一直没有放弃吞并孙、刘一统天下的努力。曹操在临死之前，对于一统天下的理想未能成为现实遗憾不已，他对曹洪等人说："孤纵横天下三十余年，群雄皆灭，只有江东孙权，西蜀刘备，未曾剿除……"曹操的一生，是"老骥伏枥，志在千里"的一生，这是他赖以取得事业上的巨大成就并成为三国时代最杰出的政治家、军事家的首要因素。现代人在自身素质修养方面，应该学习曹操不断开拓进取的品格。

没有目标，人生就没有动力，就无法创立和发展事业。如果曹操在追击董卓失败后心灰意冷，卸甲归田，就不能拥有一块属于自己的势力范围。如果曹操占据兖州之后像刘表那样自我满足，就不会有一统中原的成就。

事实上，长久的原地踏步是不可能的。人类和自然界的任何事物，都处在不断运动着的状态，静止只是短暂的，相对的。事业也是如此，要想维持一定的状态，不进也不退是不现实的，不进则退，是必然的规律。假如曹操登上丞相的宝座，就坐享富贵，不思进取，那么，不要多久，丞相的宝座就会归属他人，因为比曹操强大的袁绍、袁术等人绝不会容忍朝政大权长久地掌握在曹操手中。如果曹操不增强实力，继续扩大地盘，仅有的一点家底定将败个精光。刘璋是从父亲刘焉手中接管益州的，他只想守住这点基业，不图有更大的作为，结果时日不长就被刘备夺去。如果不是地处边地，且有险可守，益州之主早就更名换姓了。照理说，守业要比创业容易，但实际上守业也不易。明智的守业者往往是以攻为守，只有开拓进取，才能长久地守住已有的事业。正如诸葛亮在后《出师表》中所说："汉贼不两立，王业不偏安"，"然不伐贼，王业亦亡"。

阿基米德说过：给我一个支点，我可以撬动整个地球。是的，坚定目标，自强不息，就能奔向成功的彼岸。曹操就是凭借自己这一优势不断成长壮大，最后成就大业的。给自己点信心，就会离成功不远。

王明阳认为："志不立，如无舵之舟，无衔之马，飘荡奔逸，终亦何所底乎？"北宋理学大家程颢说："治天下者必先立其志。"明代文学家冯梦龙有言曰："男儿不展风云志，空负天生八尺躯。"宋代文豪苏轼则说："古之立大事者，不惟有超世之才，亦必有坚忍不拔之志。"法国古典作家拉罗什富科认为"一个人如果胸无大志，即使有壮丽的举动也称不上伟人"。英国作家塞缪尔·迈尔斯也说过："人若有志，万事可为。"由此可见，志向对人生的引导作用是古今中外许多名人所推崇的。人生短暂，光阴易逝，要想使自己的人生充实、有意义，就应该胸有大志，所以要早立志、立大志。

4. 专注的人生没时间管闲事

持志如心痛。一心在痛上，岂有功夫说闲话、管闲事？

——《传习录》

✳   ✳   ✳

南宋著名的理学家朱熹说过："书不记，熟读可记；义不精，细思可精；惟有志不立，直是无着力处。"志向，是一个人迈向成功的台阶，也是一个人攀上顶峰的垫脚石，更是一个人前进方向的指南针；一个人若是没有了志向，就像雄鹰没有了翅膀一样，无法自由地翱翔于天空。

我们要想成功，每个人都应该树立自己的志向。确定志向是一件非常容易的事情，关键就在于我们如何坚守这个志向走下去。明代伟大的心学专家王阳明关于如何坚守志向，就有他自己的看法，他认为"持志如心痛。一心在痛上，岂有功夫说闲话、管闲事"。

阳明大师的这句话告诉了我们什么呢？其实，这句话的意思是说：一个人坚守志向就如同他心痛一样，一心都在疼痛的感觉上，哪里还有工夫说闲话、管闲事呢？由此可见，王阳明认为，一个人坚守自己的志向，应该像对待自己的心痛一样，要把自己全部的注意力都集中在那上面，不能兼顾其他任何事情，这样才能最大限度地让自身的智慧发挥作用，才能更好、更快地实现自己的志向。

可能会有人发出这样的疑问：如果坚守志向就像心痛一样让人痛苦，那我们换个容易实现的志向不就好了？为什么要死守着一个志向不放呢？如果一个人经常变换自己的志向，就会变成像墙头草一样摇摆不定的人。如果我们今天做这个，明天做那个，丝毫没有定性可言，这样，又怎么会取得成功呢？

其实，在当今这个物欲横流的社会，人们的意志已经非常不坚定了，经常会因为各种各样的原因放弃自己坚守的理想。这也是为什么人们经常抱怨自己不得志的原因，不是因为我们"倒霉"，而是因为我们没有坚守自己的理想并为之努力奋斗。

纵观古今中外的成功人士，我们就会发现，他们都是为了自己的志向而艰苦奋斗、持之以恒的人。试问，这些成功人士在坚持理想的过程中就不痛苦、不挣扎吗？答案是否定的，但是他们并没有因此就轻易地放弃自己坚守的志向，而是咬牙坚持了下去。

"天下没有免费的午餐"，一个人如若想取得成功，就一定得经受比别人更多的磨难，付出比别人更多的努力。同样的道理，如果我们经常变换自己的志向、道路，不懂得坚持不懈的道理，我们就永远不会成功。

一代儒学大师、"关学"创始人张载的人生经历，正是这样一个典型的例子。

张载年少时，父亲就病逝了，全家以数亩薄田维持生计。虽自幼丧父、家境清贫，张载却很有志气，自强自立，性格豪迈，尤其喜欢谈论研究兵法。

范仲淹一见张载，认为他是可造之才，便引导他说："读书人自有格物致知、修齐治平的事情可做，何必非要谈兵呢？"并劝他钻研《中庸》。

张载听从了范仲淹的劝告，专心致志地读了《中庸》后，受益匪浅。后来他中了进士，先后当过几任地方官，因为敢于直言，与当时的执政大臣政见不合，49岁就主动辞去官职，专心讲学著书。

回到横渠之后，张载虽有几亩薄田，但收入微薄，只够维持最低的日常开支。但张载对此却泰然自若，根本不把外在物质条件的好坏放在心上。他穿着破旧的衣服，每天粗茶淡饭，与众弟子讲学时，经常告诫他们要将外在的礼仪通过实践内化于心，要弟子"学必如圣人而后已"。

在讲学的同时,张载还进行了艰苦的理论创作。他常常一个人坐在一间房里,闭门苦读,身边左右都放满了书籍,时而俯下身子认真读书,时而抬起头来若有所思,有了心得体会马上记下来。他思考问题常常达到废寝忘食的地步。深夜,家人都早已睡着了,他躺在床上脑子中还思考着白天学习的问题;有时想到妙处,灵感迸发,即使半夜三更,他也马上起来,取过蜡烛点燃,把想到的东西写下。

由于张载学问日高,声望日隆,有很多青年学子慕名前来拜师求学。有些学生因为家庭困难,交不起学费,他不但一视同仁地向他们讲授学问,还让他们在自己家里吃住,同甘共苦。

张载一生历尽坎坷,生活清贫而丝毫不以为苦,一如既往地钻研学问,"其志道精思,未始须臾息,亦未尝须臾忘也"。他立志做学问,苦读深思的精神,始终没有一刻停止,也始终没有一刻忘记。正是凭着这种努力,他才完成了《正蒙》这部划时代的儒学著作。

这就是"持志如心痛"的真实写照。张载曾言:"为天地立心,为生民立命,为往圣继绝学,为万世开太平。"这是他的人生目标。正是这个目标,使得他时时不忘自己的使命。张载和其他大儒能够忍受清贫的境遇,专心于学问与事业之中,其动力大概就在这里。

所以我们在事业上守持志向,就要有这种坚持不懈的精神,让全部的心力与志向融为一体。

有时候,人的意志比那些看似无敌的客观物质力量更具有威力。我国伟大的空气动力学家钱学森先生说过:"不要失去信心!只要坚持不懈,就终会有成果的。"坚守自己的志向和信念,无论多么艰苦的环境都要忍受住,只要厄运打不垮信念,希望之光就会驱散绝望的乌云。

王阳明的父亲王华对王阳明的管教从小就非常严厉。年幼的王阳明每天不仅要学习文化知识，还要习武修身，非常辛苦。那个时候的王阳明非常喜欢下棋，经常因为沉迷于下棋而耽误了功课，父亲王华为此很是伤脑筋。

终于有一次，王阳明又因为下棋而忘了去学习，这惹恼了他的父亲，其父一气之下将他的象棋扔进了河里。父亲王华的这一行为对当时的王阳明造成了很大的冲击和影响。年仅12岁的他自此开始认真学习，还写了一首诗来寄托自己的志向："象棋终日乐悠悠，苦被严亲一旦丢。兵卒坠河皆不救，将军溺水一齐休。马行千里随波去，象入三川逐浪游。炮响一声天地震，忽然惊起卧龙愁。"

幼时的王阳明常以诸葛亮自喻，渴望能够像诸葛亮一样做出一番事业。为此，他付出了常人难以想象的努力，也取得了重大的成就。王阳明不仅经史子集、骑射兵法都日趋精通，还可以上马治军、下马治民，以文官之职掌管兵符，集文武谋略于一身，最终成为一个受人敬仰的人。

有人曾经说过："一生俯首拜阳明。"王阳明的一生，就是为了自己的志向而坚持不懈、努力奋斗的一生。这也是无数后人尊重他、钦佩他的原因。

作为普通人，我们虽然达不到阳明大师的高度，但我们可以学习他那种坚守志向的精神。对自己的志向要有持之不懈的信心和勇气，这样才能让自己取得成功，让自己的人生有价值。

5. 克服恐惧，才能驾驭自己

能戒慎恐惧者，是良知也。

——《传习录》

❖ ✽ ❖

肖伯纳曾说过："自我控制力是最强者的一种本能。"它是一个人意志和毅力的一种锻炼，是智力因素和非智力因素的完满结合，是高尚的道德境界的一种表现，是一个人的精神支柱。自我控制能正确地摆正自己应有的位置，有效地优化它们的结构方式，能调动自身各种积极因素，并把这种积极因素推向一个极佳的状态。

每个人都具有一定的自我控制力，但自控能力的大小有别，自我控制力强的人思维敏锐，视野开阔，分辩是非能力强，能在错综复杂的环境中，始终保持一种极佳精神状态——坚定的信心、振奋的情绪，自觉抵制各种不良思想的侵入，充分发挥自己的特长，讲求实效的工作方法，在实践中不断地充实和完善自己。

金末元初时期，有位叫许衡的学者就是一位严于律己的人。有一次，他跟旅伴们路过河南北部的河阳地区，这一带刚刚发生过一场战争，房倒屋塌，不见人迹。

当时正是夏天，天气非常热，大伙顶着火辣辣的太阳走在路上，一个个全都汗流浃背的。大家想找个地方乘凉，可是这里连一棵树都没有，想要解渴，也没有找到水井。

就在大家疲惫不堪的时候，有一个旅伴用手指着前方大声喊了起来：

"你们快看啊，前面有一棵大梨树。"大家一听，精神为之一振，立即朝那人指的方向看去。果然，在前面不远的路旁，有一棵枝叶茂密，结满了大黄梨的梨树，于是大家都朝那棵梨树跑了过去。旅伴们站在树底下，有的摘，有的吃，闹闹嚷嚷地吵叫成一片。

这个时候，许衡虽然也是饥渴难忍，但他始终没有动树上的一个梨，而是捡了一块石头，独自在树荫下坐了下来，还撩起衣襟不断地扇风。

一个和许衡关系非常要好的伙伴用胳膊肘碰了他一下，然后说："你还愣着干什么？这梨又甜又脆，还不赶紧摘几个解解暑气？"

许衡摇了摇头，非常认真地回答道："不行，梨的主人没在这儿，哪能这样随便吃人家的东西呢？"听了许衡的这一番话，周围的人都感到好笑，有一个人讥笑他道："你真是读书读傻了，现在是什么时候，还找什么梨主啊？这么大的战争，村子里都是墙倒房塌，连个指路的人都难找到，还能去哪里找这梨的主人？"

听了伙伴们的讥笑，许衡用手指了指自己的胸口，态度很是诚恳地说：

"梨虽然没有主，难道我自己的心里也没主不成吗？"众位伙伴听了，顿时哑口无言。

许衡不愧是一个懂得"戒慎恐惧"的人，他怕的不是别人，而是自己的良心。当他无条件服从心中的"主人"时，他的思想是自由的，他的智慧是清明的,他的言行也必然受到大家的欢迎。后来,他成为一代宗师,是元代著名的思想家、教育家。

但丁曾说:测量一个人的力量大小,应看他的自制力如何。

歌德也说:谁不能克制自己,他就永远是个奴隶。

克制自己,才能驾驭自己,成就自己;放纵自己,就会被激情和欲望的魔力牵制,不得自由,莫说不能成就事业,甚至会走向可悲的境地。一个人只有在无人监督的情况下也能坚持做正确的事,才算真正成为了自己的主人,这是一个人获得无悔人生必备的素质。

6. 心之所想,终能抵达

只念念要存天理,即是立志。能不忘乎此,久则自然心中凝聚,犹道家所谓结圣胎也。此天理之念常存。驯至于美大圣神,亦只从此一念存养扩充去耳。

——《传习录》

❀ ✳ ❀

王阳明作为宋明道学中"心学"一派的代表人物,强调个人的主体意识和自主精神。他认为,只要心中念念不忘存天理,就是立志。能不忘记这一点,久而久之心自然会凝聚在天理上,就像道家说的"把凡胎修炼成圣胎"。如此将天理时刻铭记于心,逐渐达到宏大神圣的境界，正是从心中最初的意念不断坚持并发展下去。

"心之所想"虽然只是停留在脑海中的意识，看似虚无缥缈，却有着不可小觑的力量。王阳明所言的"念念存天理"，才能做到心无旁骛、专心致志；倘若心无所思，则难以排除杂念，陷入胡思乱想之中。

在奋力追求成功的人生道路上，"想"成功是必不可少的前提条件。缺少这份"心之所想"的动力，抑或受外界干扰而无法将之坚持到底，则难以发挥潜在的能力，难以超越自我，挑战极限。

明朝后期是中国古代科学技术史上最灿烂辉煌的一段时间，此时出现了一位伟大的地理学家、探险家——徐霞客。

徐霞客自幼聪明好学，喜欢读历史、地理、游记之类的书籍，立志成人之后遍游国家的大好山川。

但是父亲去世后，老母无人照顾，徐霞客的游览计划被打断，终日闷闷不乐。母亲看出了他的心思，对他说："男儿志在四方，哪能为我留在家里。"母亲的支持，坚定了徐霞客远游的决心。

徐霞客有了勇气和力量，便辞别母亲游历他乡了。他先后游历了太湖、洞庭湖、天台山、雁荡山、泰山、武夷山和北方的五台山、恒山等名胜，并且记录下了各地的奇风异俗和游历中的惊险情景。

几年后，徐母去世，徐霞客把他的全部精力放在了游历考察事业上。他跋山涉水，到过许多人迹罕至的地方，攀登悬崖峭壁，考察奇峰异洞。

在湖南茶陵，徐霞客听说这里有个深不可测的麻叶洞，便决心去探访。可是当地人说洞里有神龙和妖精，没有法术的人不能进去；刚走到洞口，向导得知徐霞客不会法术，就吓得跑了出去。徐霞客毫不动摇，独自手持火把进洞探险。当他游完岩洞出来的时候，等候在洞外的当地群众纷纷向他鞠躬跪拜，把他看成是有大法术的神人。

徐霞客白天进行实地考察，晚上就借着篝火记录当天的见闻。三十多年里，他走遍大江南北，对曾走过的地方之地理、地质、地貌、水文、气候、植物做了深入细致的调查研究，并用日记体裁进行了详细、科学的记录。就是在这种环境中，他写下了闻名世界的《徐霞客游记》。

很多人虽然都心有所想，却很少有人为了愿望而坚持不懈地努力下去，也很少有人为了一个目标而坚定地执行下去，因为总是会有来自外界各种各样的干扰。

我们每个人都向往成功，但是心有所想的同时需要排除外界的干扰，需要在心里不断地提醒自己，不断地想着朝目标前进。虽然当我们想着"下次考试提高二十分""六个月减肥十公斤""五年后就要买房子"……的时候，自己都不太相信，因为身边已经有无数多的人这么想，却同样有无数多的人无法实现，但倘若就这样气馁了、放弃了，那我们距离成功将越来越遥远。

相反，要相信自己的心之所想，清楚地告诉自己想要的是什么，并为之而努力奋斗。只有时刻保持这种"想要"的念头，才能彻底抛开所有阻挠它实现的因素。最后我们会发现，所有的"我想"，都变成了"我要""我一定"。想都不敢想的事情，未必就是我们无法做到的事情；大胆地坚持心之所想，方知自己的潜力有多大。

正如放风筝。风筝能飞多远，取决于手中的线有多长，如果线断了，再好的风筝也飞不起来。我们想要成功的心，就是牵着风筝的线，不要让线在风筝飞上云端之前断掉,更不要在"心想事成"之前放弃最初的念想。

　　成功不仅需要奋力拼搏,更需要一份坚持不懈的动力支持。坚持心之所想,最终将成为力之所及。

第四章

"毋说谎，毋贪利"

——保持初心，修剪多余的欲望

"毋说谎，毋贪利。"

——摘自《王阳明家训》

❋ ✳ ❋

说谎则不诚实，就是自欺欺人。《大学》中说，"所谓诚其意者，毋自欺也"，一个自欺欺人的人是无法真正做到慎独，无法正心诚意修身的。

而贪图小利，则容易昏了头脑，被人利用。战国时期，秦惠文王想吞并物产丰富的蜀国，有人献计造能下金粪的石牛送给蜀侯。蜀侯中计，下令民工开山填谷，铺筑道路迎接石牛，秦惠文王让大军跟在运送石牛的队伍后灭了蜀国。人们嘲笑蜀侯是贪小利而失大利。

崇祯十四年王阳明六世孙王贻杰进京入朝，后统管江西都指挥使司，去世后人们才发现其竟然囊无积蓄，最后靠官场挚友的资助才得以回乡归葬。一个朝廷的二品官，清廉无欲至此，着实让人肃然起敬。

1. 固守一颗虔诚的心

志道问："荀子云：'养心莫善于诚。'先儒非之，何也？"先生曰："此亦未可便以为非。'诚'字有以工夫说者。诚是心之本体。求复其本体，便是思诚的工夫。明道说'以诚敬存之'，亦是此意。大学'欲正其心，先诚其意'。"

——《传习录》

❈ ✳ ❈

一天，弟子管志道问道："荀子说'养心最好的办法就是思诚'，但程子并不赞成这个观点，这是为什么？"

王阳明回答说："这也不能认为不对。'诚'字也可以从存养身心上来理解。'诚'是心的本体，要恢复心的本体，就要思诚。程颢先生说'用诚敬的心存养它'，也是这个意思。《大学》里说'要端正人心，必须先端正他的思想'，也是如此"。在王阳明看来，用诚敬的态度生活，就是致良知——恢复心的本体的表现。

早在春秋战国时期，圣人孔子就感叹人们"诚心"的日渐趋下，发出"吾不欲观之矣"的喟叹。古代的礼,是国家的大典,全民的大典,皇帝要斋戒沐浴七天或三天以后,才代表全民出来主祭,而且要全副精神,诚心诚意,十分郑重,绝对不可马虎。但随着当时文化的衰败,即便在郑重的礼上,人们也不再心诚:礼开始以后,主祭者端上一爵奉献神的酒以后,就想赶快走了,隆重的祭礼不过是在走形式,应付了事。这样的情形,才让孔子感叹:"我实在不想看下去了。"为什么不想看?就是因为勉强、作假,而丧失了这件事的实际精神。

现在社会上的许多事情都逐渐走向"形式主义",无论是宗教仪式还是宣誓,只举起手来表示一下,心里完全没有肃庄恭敬的诚意,完全是为了做而做,为了结果而做;失去了诚心,也就失去了做事的意义,自然也就享受不到做事的快乐。

在一个禅者看来,所有问题的出现,都源自心,而所有问题的解决,同样源自心。

有一天,奕尚禅师起来时,刚好传来阵阵悠扬的钟声,禅师特别专注地聆听。等钟声一停,他忍不住召唤侍者,并询问:"刚才打钟的是谁?"

侍者回答:"是一个新来参学的和尚。"

于是奕尚禅师就让侍者把那个和尚叫来,并问:"你今天早上是以什么样的心情在打钟呢?"

和尚不知道禅师为什么问他,于是说:"没有什么特别的心情啊!只是为打钟而打钟而已。"

奕尚禅师说:"不见得吧?你在打钟的时候,心里一定在想着什么,因为我今天听到的钟声,是非常高贵响亮的声音,那是真心诚意的人才会打出的声音啊。"

和尚想了又想，然后说："禅师，其实我也没有刻意想着什么，只是我尚未出家参学之前，一位师父就告诉我，打钟的时候应该想到钟就是佛，必须要虔诚、斋戒，敬钟如敬佛，用一颗禅心去打钟。"

奕尚禅师听了非常满意，再三叮嘱说："往后处理事务时，不要忘记持有今天早上打钟的禅心。"

我们可以想象，那个小和尚在将来一定可以修成正果，原因就在于他虔诚的佛心。

心诚不诚，也许骗得了别人，但终归骗不了自己。虽然结果的好与坏也存在着许多不确定因素，但总有一些因素是由心而定的。忠诚地对待自己的理想、真诚地对待自己的学业和事业、坦诚地对待自己的亲朋……好的结果就会出现，忠诚度、真诚度、坦诚度越高，好的结果就会越早出现。

心诚则灵，怀着一颗永不放弃、至死不渝的真诚心，就会给人带来永不言败、锲而不舍的精神意念，好的结果自然水到渠成。很多成功的人，正是因为有了一颗虔诚的心，才做出了伟大的事业。因此，无论外界如何喧嚣，我们都要固守一颗虔诚的心。虔诚的心中是对正念的把握，是对信念的秉持；纤尘不染，杂念俱无，集念于一处，力量就是最大的。

2. 不要为了行善而行善

且如事父,不成去父上求个孝的理;事君,不成去君上求个忠的理;交友治民,不成去友上民上求个信与仁的理。

——《传习录》

✳ ✻ ✳

王阳明认为,如果人们为了行善而行善,就不是真正的仁者。就好比侍奉父亲,不是为了从父亲那里得到"孝"的美名;辅助君王,不是为了从君主那里得到"忠"的称赞;结交朋友、治理百姓,也不是为了从朋友或百姓那里得到"守信"和"仁爱"的赞誉。

《论语·先进》中写道:"子张问善人之道。子曰:'不践迹,亦不入于室。'"意思是说,子张问怎样算是一个好人,怎样做才叫行善?孔子的答复是:"不践迹,亦不入于室。"什么叫"不践迹"呢?就是不留一些痕迹。我们可以借用庄子所说的"灭迹易,无行地难"来加以理解。我们在电影中时常看到坏人的一些做法:他们一般在作案的时候要戴上手套,做了之后还要毁尸灭迹,让警察追查不到他们的行踪。如果人们把这种"不践迹"的态度用到行善做好事上,就能很好地致良知,让世界更和谐。

生活中,一些人做好事是希望别人对他们感恩戴德,或是希望别人能看见他们做了好事,那么这样的人其实并不算是真正做好事。孔子认为，一个真正行善的人是不会让人感觉到他做事的痕迹的。可见，孔子对于行善的标准很高，有点像今天我们所说的"做好事不留名"，但是比这个的标准要高一点。孔子还强调做好事应该注意方法，比如你伤害了别人的自尊，那你的行善就不能算是行善。

成功学大师卡耐基在他的著作中提到过这么一个故事，是他的亲身经历：

在某一家出售葡萄干布丁的商店里，一到圣诞节期间，就会陈列出许多这类美味的食品，琳琅满目，摆成一排供顾客选购。你可以挑选最合你口味的品种，甚至还允许顾客把各色布丁都尝完以后，才决定买什么或是否购买。

我常常纳闷，这种对顾客的优待会不会被一些根本无意购买的人所利用。有一天，我出于好奇，就去问店里的那位女售货员，从她那儿我得知，事情正是如此。

"有这么一位老绅士，"她告诉我，"几乎每个星期他都要来光顾一回，各色各样的布丁他都要尝一点，尽管他从来什么也不买，而且我怀疑他永远也不会买。我记得他从去年，甚至前年就开始是这样啦。噢，他要真的那么想尝，让他来好啦，欢迎品尝。我还希望有更多这样的商店，都可以让他分享一份。看来他确实需要，我想这些商店也不会在乎这点东西。"

她还没说完，这时就有一位上了年纪的绅士缓步走近柜台，开始兴味浓厚地仔细察看眼前的这一排布丁。

"你瞧，正说到他，那位老先生就到了。"女售货员轻声对我讲，"现在你只需在一旁观看就行啦。"她转身对那人说道，"先生，您尝尝这些布丁吗？您可以用这个匙子。"

这位老先生真如小说家笔下的人物,衣冠虽然破旧,却十分整洁,他接过匙子,便开始急切地一个接一个地品尝起各色各样的布丁来;偶尔也会停下来,从他那件破旧外套的前胸口袋里,掏出一条破烂的大手巾,擦擦他红红的双眼。

"这一种味道很好,"他宣称,当他尝另一种时又说,"这种也不错,只是稍欠松软。"自始至终都很明显,他真心诚意地相信自己最终会从中挑选一种的。我确信,他一点也不觉得自己在欺骗商店。可怜的老头儿!大概他已经家道破落。从前他也能够来选购他最喜爱的布丁,然后夹在腋下拿回家去。打他家境衰败以来,他就只能到商店里来品尝品尝味道了。

圣诞节的各类商店里,生意兴隆,一派喜气洋洋的景象。这个老头儿矮小黑色的身影,在这种热闹的气氛中,显得非常不相称,甚是悲哀可怜。我突然动了恻隐之心,大发慈悲——这种情形很多时候带来的不是欢乐,而是痛苦。我走上前去,对他说道:"请原谅,先生,我愿意为您买一个品种的布丁。如蒙赏脸笑纳,我深感欣慰。"

他蓦地往后一退,仿佛被什么东西刺痛了似的,他那满是皱纹的脸孔一下涨得通红。

"对不起,"他说,其神态之高傲,远非我根据其外表所能想象得出,"我想我与你并不相识。无疑你是认错人了。"于是他当机立断,转向售货员,大声说道:"劳驾把这一个替我包装一下,我要带走的。"他指了指最大的,也是最贵的一块布丁。

女售货员惊讶地从架上取下那块布丁,开始把它包成一包。而他呢,掏了半天掏出一个破旧的黑色小皮夹子,点了点数,将几个先令和六便士的硬币放在柜台上。

一个真正行善的人，在帮助他人时绝不会表现得像一个高高在上的施舍者，这是对他人人格的尊重。由此可见，做一个真正的仁者也不是那么简单的事情。

为了行善而行善，那不是真正的行善，更多的是为自己博取"仁"的美名。真正的行善，应该是在帮助他人的同时还顾及他人的自尊，这也是王阳明所认可的仁爱精神。

3. 不要盲目攀比，否则就会身心疲惫

"若除去了比较分两的心，各人尽着自己力量精神，只在此心纯天理上用功，即人人自有，个个圆成，便能大以成大，小以成小。不假外慕，无不具足。此便是实实落落、明善诚身的事。后儒不明圣学，不知就自己心地良知良能上体认扩充，却去求知其所不知，求能其所不能，一味只是希高慕大。不知自己是桀纣心地，动辄要做尧舜事业，如何做得？"

————《传习录》

❈　❈　❈

生活中，一个非常普遍而又具有毁灭性的心理就是拿自己和自己的生活与别人相比。人人都在互相把汽车、房子、工作、金钱、人脉、社会知名度等等进行比较；由于"人外有人"，所以这种攀比永无止

境。结果可想而知,你的自尊心在攀比中受到的打击远比满足要多,负面情绪也就由此而生,幸福如躲避瘟疫一样与你遥遥相望。

王阳明的学生薛侃问老师:"您说是孔子的能量大,还是周公的能量大?"

王阳明说:"为什么要比较呢?孔子的能量是孔子的,周公的能量是周公的,他们只是尽着良知去做自己的事罢了。"

他随即发挥道:"孔圣人之后的很多人不知在自己的本心上用功,却去外面追求自己不知道的、自己不能做到的,一味地羡慕别人的成就,一味地攀比。不知自己是桀纣的心地,却要去做尧舜的事业,怎么可能做得成?所以很多人一生忙碌,老的时候也没有成就什么,带着满心的遗憾离开人世,这实在是让人唏嘘不已。桀纣是暴君,尧舜是圣人,坏蛋想做好人才能做的事,正如能力一般的人想做名震四方的事。这都是攀比的结果,实在让人感叹不已。"

王阳明的这段训导,其实只是想说明:人不要盲目攀比,否则就会身心疲惫,永远陷于忧苦之中而无法自拔。

一个有钱人过得很开心,他常常开着车子或坐飞机到处与人谈生意,生活虽忙碌,但充实富足,因此有钱人很有成就感。但他的生活却被一家茶水店的老板给打破了。

这位茶水店主过得也很开心,他的生活主要就是烧水、倒茶、招待顾客、与顾客交谈……虽然简单清贫,但却自得其乐。然而,自从遇到这个有钱人,这位快乐的茶水店主就开始有了烦恼。

一天,两人在茶水店相遇了。那时,因为时间还早,茶水店内还没有客人,店主就趴在桌子上打瞌睡。有钱人口渴了,就走进了店里,看到茶水店的简陋与店主的清贫,有钱人感到很吃惊,便跟店主交谈起来。

有钱人先讲了自己的灯红酒绿的生活，讲他怎样快乐地挣钱又快乐地将钱大把地花掉。他说，过着这样的生活，他才感到自己是在享乐人生。

茶水店主越听越着迷，也说起了自己的生活，虽然不是什么大富大贵，但也安宁而快乐，因为自己不与人争，也就没有得失的烦扰。

有钱人也被茶水店主悠闲的生活方式吸引住了，离开茶水店后，他一直在想，尽管自己有钱，却没有茶水店主的惬意自在。想到最后，他感觉到自己太可悲了，因为自己从来没有过过一天像茶水店主那样悠闲自在的日子！

而茶水店主在有钱人离开后也一直在想着有钱人的话，他想自己每天守着这个清淡的茶水店，不但没赚到钱，而且还浪费了生命，自己真是白活了。想到最后，他开始盼望自己也能够过上有钱人的那种富足的生活。

于是两个人找到了上帝，求上帝帮忙，上帝笑着说："这还不容易，我给你们换过来不就行了？"

于是，茶水店主变成了有钱人，每天去和不同的合作伙伴谈生意、喝酒，有钱人则悠闲地坐在了茶水店里。结果没过几天，两个人又吵吵嚷嚷地来到了上帝面前。有钱人说他实在受不了茶水店里的冷清和贫乏的生活，茶水店主则说他受不了有钱人的生活里的虚情假意和酒精气味。

上帝哈哈大笑，说："你们原本在各自的位置上生活得好好的，却向往别人的生活。现在知道了吧，其实别人的生活也不过如此。"

很多时候，人们都在自寻烦恼，只看到人家的优势，而忽略自己的长处。其实，每个人都有自己的优点，总有比别人强的地方，想明白这些,也就不会有心结了。

王阳明就说,人人心中都有良知,人人心中的良知都是不同的,其所扩散出来的良知良能自然不同。这就如人人都有心脏,可大小和跳动频率都不一样,如果你一味地去和别人比大小和跳动频率,只能是自寻烦恼。

但世界上就是有些人喜欢比较,这可能是因为人生活在群体中,而人又有自命不凡的本性,所以本能中就想超越别人,凸显自己。攀比为什么会制造苦恼?这是因为人人都在攀比过程中用自己的弱项跟别人的强项比较。你从未见到一个富有的人会跟一个乞丐比财富,你只能见到富有的人与比他还要富裕的人比财富。

王阳明说,我们的心可以自给自足,不假外求。只要在心上用功,把自己的良知扩充到极致,那就能看到幸福的彩虹。因为我们活在世上,不是给别人看的,而只是活出自己,活在别人评价中的人永远不可能是幸福的人。

4. 减少自己的欲望,懂得知足常乐

问:"声色货利,恐良知亦不能无。"

先生曰:"固然。但初学用功,却须扫除荡涤,勿使留积,则适然来遇,始不为累,自然顺而应之。良知只在声色货利上用功。能致得良知精精明明,毫发无蔽,则声色货利之交,无非天则流行矣。"

——《传习录》

❋ ❋ ❋

学生问王阳明："声、色、货、利，这些东西恐怕良知里也不能没有吧？"

王阳明回答说："的确如此。但人们刚开始修身养性时，必须要在心中将声、色、货、利扫除干净，一点也不能残留，这样偶然遇到也不会为其所累，自然能按照良知来顺利应对。也就是说，致良知就是要针对声、色、货、利下功夫；只要人们使自己的良知精纯光洁，没有一丝一毫的遮蔽，那人们同声、色、货、利打交道，就会遵行天理自然运行了。"

声指歌舞，色指美色，货指金钱，利指私利，这些都是人们想要得到的，因此声、色、货、利就被视为欲望的象征。人生在世，很难做到一点欲望也没有，但若物欲太强，就容易沦为欲望的奴隶，一生负重前行。因此，王阳明才告诫人们要针对声、色、货、利下功夫，减少自己的欲望，懂得知足常乐。

从前，一个想发财的人得到了一张藏宝图，上面标明在密林深处有大量的宝藏。他立即准备好了一切寻宝用具，还特别找出四五个大袋子用来装宝物。一切准备就绪后，他便进入了那片密林。他斩断了挡路的荆棘，蹚过了小溪，冒险冲过了沼泽地，终于找到了第一处宝藏，满屋的金币熠熠夺目。他急忙掏出袋子，把所有的金币装进了口袋。离开这一处宝藏时，他看到了门上的一行字："知足常乐，适可而止。"

他笑了笑，心想：有谁会丢下这闪光的金币呢？于是，他没留下一枚金币，扛着大袋子来到了第二处宝藏，出现在眼前的是成堆的金条。他见状，兴奋得不得了，依旧把所有的金条放进了袋子。当他拿起最后一根金条时，看到上面刻着："放弃下一个屋子中的宝物，你会得到更宝贵的东西。"

他看到这一行字后，便迫不及待地走进了第三处宝藏，里面有一块磐石般大小的钻石。他发红的眼睛中泛着亮光，贪婪的双手抬起了这块钻石，放入了袋子中。他发现，这块钻石下面有一扇小门，心想，下面一定有更多的宝藏。于是，他毫不迟疑地打开门，跳了下去。谁知，等待他的不是金银财宝，而是一片流沙。他在流沙中不停地挣扎，可是他越挣扎就陷得越深，最终与金币、金条和钻石一起长埋在了流沙下。

如果这个人能在看了警示后立刻离开，能在跳下去之前多想一想，那么他就会平安地返回，成为一个真正的富翁。然而，很少有人能在声、色、货、利面前保持冷静、不被诱惑，贪婪地想要获得更多，却往往在贪婪中失去更多。

明末清初有一本书叫《解人颐》，对人的欲望作了入木三分的描述："终日奔波只为饥，方才一饱又思衣。衣食两般皆俱足，又想娇容美貌妻。娶得美妻生下子，恨无田地少根基。买到田园多广阔，出入无船少马骑。槽头扣了骡和马，叹无官职被人欺。当了县令嫌官小，又要朝中挂紫衣。若要世人心满足，除是南柯一梦兮。"做人如果不能控制自己的欲望，就会成为欲望的奴隶，最终丧失自我，被欲望所奴役。

王阳明从来不否认丰富的物质生活给人带来的利益。在他的学生中有因为贫穷而不得不退学的事，他对此喟然长叹，这足以说明王阳明对物质财富和享乐并不绝对地反对；但前提是，获得它们和享受它们时必须要有个正确的态度。

有些贫穷的人永远感觉不到幸福，是因为他们把追逐声色货利当成是人生的主要目标；由于还没有达到目标，或是在通往终点的路上遇到挫折，就会陷入痛苦的境地。如果他们有个正确的人生态度，也就是按王阳明所说的致良知，把致良知当成是人生的终极目的，把追逐声色货利当作是致良知的工具，那么，可能就不会有痛苦。因为"工具"丢了还可以再寻。

有些富人也感觉不到幸福，因为他们还想获得更多的声色货利，同时绞尽脑汁思考如何保住拥有的声色货利。他们和前一种人一样，也是把声色货利当成人生的终极目的，而把真正的人生目的（致良知）抛到脑后。

相比第一种人，拥有了声色货利的人的幸福感微乎其微。不明白良知是人生终极目的的人，一旦享受到了声色货利，就会跟幸福绝缘，因为他们做不到王阳明所说的——富贵来了，不欢迎；富贵走了，不留恋，不惋惜。

在一个繁华的城镇，有两个反差巨大的邻居：一个是富翁，一个是勉强糊口的穷小子。富翁的财富足够他花上几辈子，但还在拼命地赚钱，而且感觉不到幸福。而让他疑惑的是，邻居那个穷小子每天都开心地笑着，偶尔还会唱几首跑调的歌曲。

富翁对他的管家说："我不明白咱们的邻居穷得叮当响，为什么还那么幸福。"

管家对人性有着深邃的见解，对富翁说："如果您让他忧愁，很简单。只要给他一大笔钱，就是了。"

富翁难以置信,他觉得:一个人穷成那样子还能这么快乐,如果得到一大笔钱,那岂不是为他的幸福锦上添花吗?

管家说:"如果不信,咱们就打赌。"

第二天,富翁便和管家把几十块金币主动送给了隔壁的穷小子,为了让他相信这是无偿赠送,还特意立了字据。

穷邻居得到这笔钱后,更是快乐无比,富翁却愁容满面。管家安慰富翁说:"等等看。"

一天后,富翁听不到穷邻居的歌声了。因为他正在思考一个重大问题:这么多钱,我该把它放到哪里?如果放在家里,被人偷窃了怎么办?存到钱庄去,利息可是太低了。如果拿去做生意,一旦亏本了,岂不是要哭死?

穷小子想了一天,也没有想出更好的办法,最后只好把钱埋到床底下。

但从此后,穷小子再也没有出去,每天都守着那些钱,坐困愁城,最终成了个神经敏感、焦虑万分的人。

故事的最后,穷小子终于想通了自己为什么陷入痛苦的深渊。他把钱挖出来,还给了富翁,从此,歌声又在他那家徒四壁的房间里响起了。

人有了物质财富,如果不能以一种正确的人生态度来面对,那将是幸福的灾难。其实我们对于物质财富,也正如王阳明所说的那样,你最好把它当作是一件致良知的工具,而不是目的。如果物质财富是完全在良知许可下获得的,那你不必每天都担惊受怕;即使它有一天离你而去,但只要你的良知还在,你也大可不必为此黯然神伤。事实上,能把致良知功夫做透的人,根本不会在意声色货利的来去。

不要被外物所束缚,这是许多讲心灵励志的人经常谈到的问题,但他们的理解和王阳明的俨然是两个方向。王阳明告诉我们,只要凭借良知去做事,物质财富就会不请自来;而且,在良知的指引下,每个人都有追求声色货利的权利和能力。

王阳明心学对幸福的定义其实很简单:在良知上用功,良知如镜子般光明了,那么照到的东西,无论是什么,都能让心坦然、幸福。

5. 身处泥泞,遥看满山花开

世以不得第为耻,吾以不得第动心为耻。

——《传习录》

✿　✱　✿

人人都希望自己过上更好的生活,过得舒适快乐。然而,生活并不是一条康庄大道,更多的时候,是一条布满荆棘与陷阱的崎岖小路。很多人在这条路上遇到了困难,不仅无法跨越,还会不自觉地陷入了一个可悲的怪圈,把大量的时间放在抱怨上。

王阳明二十一岁就在浙江考中乡试,以他的天资和后天的努力,这份成绩并不是老天爷的抬爱。明朝的国考(科举考试)分为三级,第一级为乡试，考场设在地方的省会；第二级为会试，必须要到北京来考试；第三级为殿试，主持者是皇帝本人（明朝的皇帝大都喜欢龟缩在深宫里，所以主持这一考试的大都是宦官和大学士），然后由考试委员会分出一二三等来，成绩最好的前三名，分别就是状元、榜眼和探花。科举考试的保密是非常严格的，考生写的试卷为墨卷，然后由专人来抄写试卷内容则为朱卷。朱卷上面只有编号没有名字，考官根据朱卷来改卷子，批成绩。尤其是在乡试卷子里，考生填名字要从曾祖的名字写到父母的名字，以及叔伯兄弟等，然后是考生的老师。乡试的考题是从朱熹《四书集注》中挑选三句，三句话就是三道命题作文，考生作答，第四道题是给考生一个韵脚，做一首律诗。

据说，乡试时发生的神秘事件给王阳明日后的国考和他在军事上的成就作了一个预言。考试第二天，考场突然出现两位穿着大红衣服的人，说："三人好做事。"话音一落就凭空消失。考生们听到这怪人的话后，连卷子都不想做了，专心思考起那句话的寓意来。王阳明自然也不能心无旁骛，但他"格"了很久，也得不出合理的解释。多年以后，宁王朱宸濠叛乱给出了答案。这一次乡试，有三人脱颖而出。他们是：胡世宁、孙燧和王阳明。宁王谋反时，胡世宁屡屡揭发宁王的奸谋，宁王顾忌太多；孙燧总跟宁王过不去，让宁王分心极大，后来被宁王砍了脑袋；王阳明则平定了宁王之乱。有好事者说，"三人"就是指的这三人，"好做事"就是平定宁王之事。

所有人都认为王阳明在第二年的国考中会一鸣惊人，王阳明本人也信心满满。想不到，意外发生了。1493年，二十二岁的王阳明在国考中再次名落孙山！老天爷像是故意要苦他的心志，劳他的筋骨，偏让他走一段弯路，或者是让他暂时停滞下来。

王阳明虽出自书香门第，富有才情，但是多次参加会试都没有上榜，世人看来这是十分耻辱的事情。王阳明却不以为然，说："世以不得第为耻，吾以不得第动心为耻。"在他看来，有上榜之事，就有落榜之事，不要过分在意。快乐还是痛苦，都是生活的一部分，只有调整心态，才能减轻痛苦，享受快乐。

苏轼的友人王定国有一名歌女，名叫柔奴。柔奴眉目娟丽，善于应对，其家世代居住京师，后王定国迁官岭南，柔奴随之；多年后，复随王定国还京。

苏轼拜访王定国时见到柔奴，问她："岭南的风土应该不好吧？"不料，柔奴却答道："此心安处，便是吾乡。"苏轼闻之，心有所感，遂填词一首，这首词的后半阙是："万里归来年愈少，微笑，笑时犹带岭梅香。试问岭南应不好？却道：此心安处是吾乡。"

在苏轼看来，偏远荒凉的岭南不是一个好地方，但柔奴能像生活在故乡京城一样处之安然。从岭南归来的柔奴，看上去似乎比以前更加年轻，笑容仿佛带着岭南梅花的馨香，这便是随遇而安，并且是心灵之安的结果了。

"此心安处是故乡"，不论在什么样的环境里均能安之若素，方可心无烦忧，一心做自己应做或爱做之事，即便身处泥泞之中仍能遥看满山花开。王阳明说："读书作文安能累人？人自累于得失耳。"不懂得身处泥泞之中而遥看山花烂漫的人，并非为泥泞所累，而是被自己的心态所拖累。

有人曾经问过一个饱受磨难的人是否总是感到痛苦和悲伤，得到的回答是："不是的，倒是很快乐，甚至今天我有时还因回忆它而快乐。"为什么会这样呢?因为他从心理上战胜了磨难,他从磨难中得到了生活的启示,他为此而快乐。换句话说,生活本来就是充满快乐的。

　　一个富人和一个穷人在一起谈论什么是快乐。

　　穷人说:"快乐就是现在。"

　　富人望着穷人漏风的茅舍、破旧的衣着,轻蔑地说:"这怎么能叫快乐呢?我的快乐可是百间豪宅、千名奴仆啊。"

　　一场大火把富人的百间豪宅烧得片瓦不留,奴仆们各奔东西。一夜之间,富人沦为乞丐。

　　炎炎夏日,这个汗流浃背的乞丐路过穷人的茅舍,想讨口水喝。穷人端来一大碗清凉的水,问他:"你现在认为什么是快乐?"

　　乞丐眼巴巴地说:"幸福就是此时你手中的这碗水。"

　　生活有时候会显出它不公平的一面,使我们经历磨难。然而,那不过是生活中一点或酸或辣的调味品,如果只将目光集中在这里,生活反而会变得毫无希望。当我们遇到挫折的时候,多想想美好回忆中那些令人振奋的人和事;当我们的情绪消极倦怠的时候,多想想如何去解决而不是一味地去逃避。当我们将内心痛苦的负累转化为积极乐观的力量,便能在不幸的悲剧之中重新找到幸福的人生。

　　其实,每个人的生活都是一样的有苦有甜,不一样的是人们的心态。与其在埋怨中度过,不如转变心态。埋怨只能证明无奈,生活不相信懦弱。

6. 保持本色，活出真我的风采

无事时固是独知，有事时亦是独知。

——《传习录》

❈　❈　❈

泰山拔地而起，于是造就了东岳的雄伟；黄山吞云吐雾，于是成就了它的瑰丽；峨眉清幽秀美，于是展现了它的神奇——山因为自己的个性而呈现出千姿百态，雄也美，秀也美。万事万物，因有个性本真而美丽；芸芸众生，因有个性本真而永恒。

王阳明曾对他的学生黄弘纲说，无事时是独知，有事时也是独知。人如果只在人们关注的地方用功，那就是虚伪的作假。因此，一个人在这个社会上生存，不要总希冀自己能够瞒天过海，还是以真示人，但求无违我心的好。

子路、曾皙、冉有、公西华坐在孔子身旁。孔子说："不要认为我比你们年纪大一点，就不敢在我面前随便说话，你们平时总在说：'没有人知道我呀！'如果有人想重用你们，那么你们打算怎么办呢？"

子路不假思索地回答说："一个拥有一千辆兵车的国家，夹在大国之间，常受外国军队的侵犯，加上内部又有饥荒，如果让我去治理，三年工夫，就可以使人人勇敢善战，而且还懂得做人的道理。"孔子听了,微微一笑,又问:"冉求,你怎么样?"

冉有回答说:"一个纵横六七十里或者五六十里的国家,如果让我去治理,三年工夫,就可以使老百姓富足起来。至于修明礼乐,那就只得另请高明了。"

孔子又问:"公西华,你怎么样?"

公西华回答说:"我不敢夸口说能够做到怎样,只是愿意学习。在宗庙祭祀的工作中,或者在同别国的会盟中,我愿意穿着礼服,戴着礼帽,做一个小小的赞礼人。"

孔子接着问曾皙,这时曾皙弹瑟的声音逐渐慢了,接着铿的一声,放下瑟直起身子回答说:"我和他们三位的才能不一样呀!"孔子说:"那有什么关系呢?不过是各自谈谈自己的志向罢了。"曾皙说:"暮春时节,天气暖和,春天的衣服已经上身了。我愿意和五六位成年人,六七个青少年,到沂河里洗洗澡,在舞雩台上吹吹风,一路唱着歌儿回来。"

孔门这几位弟子的个性跃然纸上,子路的忠诚与勇敢,冉有的谨慎,公西华的谦虚,曾皙心灵的平静与淡然,都呼之欲出。个性就是一种特质,一种不因潮流而改变的东西,一种你有别人没有的东西。只有坚持独属于自己的才会是最美的。

明末清初大思想家王夫之在其书中曾强调,个人身处世间,不可"挟心而与天下游",否则就会像"韩非知说之难,而以说诛。扬雄知白之不可守,而以玄死"。既然一个人不可"挟心而与天下游",那就说明人生在世,要学会"以真示人"。但很多人都自认聪明,以为可以骗得了天下人,其实,人的智慧相差无几,一个人的那点小小的伎俩怎么可能瞒得了其他人呢?

　　东晋时的王丞相家是大家族，社会地位很高。因此，当时的太尉郗鉴，就想在王家挑选女婿。郗鉴这个女儿，才貌双全，郗鉴爱如掌上明珠，这么一个宝贝女儿，一定要找个门当户对的人家。

　　郗鉴觉得王家与自己情谊深厚，又同朝为官，听说他家子嗣甚多，个个都才貌俱佳。一天早朝后，郗鉴就把自己择婿的想法告诉了王丞相。王丞相说："那好啊，我家里子嗣很多，就由您到家里任意挑选吧。凡您相中的，不管是谁，我都同意。"郗鉴就命心腹管家带上重礼到了王丞相家。王府子弟听说郗太尉派人觅婿，都仔细打扮一番出来相见。寻来觅去，一数少了一人。

　　王府管家便领着郗府管家来到东跨院的书房里，就见一个袒腹的青年人仰卧在靠东墙的床上，似乎对太尉觅婿一事，无动于衷。郗府管家回去向郗鉴报告："王家的少爷个个都好，他们听到了相公要挑选女婿的消息以后，个个都打扮得整整齐齐，循规蹈矩，唯有东床上有位公子，袒腹躺着若无其事。"郗鉴说："那个人就是我所要的好女婿！"于是马上派人再去打听，原来那人就是王羲之。郗鉴来到王府，见到王羲之既豁达又文雅，才貌双全，当场下了聘礼，择为快婿。

　　王羲之并不因有人来挑选女婿就刻意打扮自己，这就是显其真。一个以真示人的人一定会有一个好前途，所以王羲之被选中了。

　　真正成功的人生，不在于成就的大小，而在于是否活出自我。走自己的路，让人们去说吧！何必把自己的人生交到别人的手中，何必要被别人的评论所左右，何不按照自己的想法去过自己的人生！

　　伪装自己、改变自己只会丢失了自己，这样便没有了存在的意义。

王阳明提倡恢复心的本体,是告诉世人要保持最为本真的自己。每个人都是独一无二的,无须按照他人的眼光和标准来评判甚至约束自己;无须效仿他人,要相信自己,保持自我的本色;无须去寻求这样那样的机心,应以真心对待万事万物。事实上,只要我们在遵守团体规则的前提下能够保持自我本色,不人云亦云,不亦步亦趋,就能创造出属于自己的美好人生。

第五章

"毋任情，毋斗气"

——上善若水，多些思量少些争辩

"毋任情，毋斗气。"

——摘自《王阳明家训》

✵ ✿ ✵

任情恣性，即放任自己的性情，不受任何拘束。《增广贤文》中说，学如逆水行舟，不进则退；心似平原走马，易放难追。这正是告诉我们，任情恣性的危害。

斗气，即意气用事。赌气，即一味对别人有意见或闹情绪。只要一赌起气来，人类常会慢慢脱离"理性动物"的范围，做出一些损人不利己的事情。

历史上有个很有趣的"赌气"轶事：明代有个才子解缙，小时候

94

住在一个做官人家曹尚书的对面。曹尚书家中有个漂亮的竹园。解缙年纪小小,很爱吟诗作对,每天看着茂密的竹林,十分畅快,写了一副对联:门对千竿竹,家藏万卷书。

很多人看了,称赞他是个天才,曹尚书知道了很不高兴,心想,竹林明明是我家的,怎么可以借给他当题材呢?于是故意叫仆人把竹林砍短,愈想愈不开心,又全部砍去,给这神童难看。没想到,解缙又在对联上加了四个字,变成:门对千竿竹短无,家藏万卷书长有。

曹尚书无端毁了自家竹林,又让解缙证明了他的才华,全然是损人不利己,可见人在气头上,什么不理性的事都做得出来。赌气,可能只是因为小小的事情,却因为一时气不过,做出你死我活的决定。

1. 战胜自己等于战胜一切

澄问:"有人夜怕鬼者,奈何?"

先生曰:"只是平时不能集义而心有所慊,故怕。若素行合于神明,何怕之有?"

子莘曰:"正直之鬼,不须怕;恐邪鬼不管人善恶,故未免怕。"

先生曰:"岂有邪鬼能迷正人乎?只此一怕,即是心邪,故有迷之者,非鬼迷也,心自迷耳。如人好色,即是色鬼迷;好货,即是货鬼迷;怒所不当怒,是怒鬼迷;惧所不当惧,是惧鬼迷也。"

——《传习录》

✳ ❋ ✳

陆澄问："有人夜间怕鬼，怎么办？"

王阳明说："只是因为内心平时不能积德，内心有所欠缺，所以害怕。如果平时的行为不违背神明，还怕什么呢？"

马子莘说："正直的鬼不可怕，但邪恶的鬼不理会人的善恶，所以难免有些害怕。"

王阳明说："邪恶的鬼怎能迷惑正直的人？只要这样一怕就是心邪，所以才被迷惑。不是鬼迷惑了人，而是自己的心被迷惑了。比如，人好色，就是色鬼迷；贪财，就是财鬼迷；不该发怒却发怒，是怒鬼迷；不该怕的却害怕，是惧鬼迷。"

其实，许多人之所以容易受到外界的影响，这是因为心不正，被各种物欲牵缠住了的缘故。如果我们的心光明正大，坦坦荡荡，那么即使经历再困难的环境，面对再大的压力，它们也奈何不了自己。

《庄子》中记载了这样一个寓言故事。

齐桓公在草泽中打猎，管仲替他驾着马车，突然间，桓公感到精神恍惚，好像见到了鬼。他很害怕，赶紧拉住管仲的手说："仲父，你见到了什么？"管仲有点奇怪地看着他，回答道："我没有见到什么。"

桓公打猎回来，在草泽中看见鬼这个念头始终困扰着他，终于抑郁成疾，精神十分疲惫，好几天出不了门。

齐国有个叫皇子告敖的士人听说了这件事后，自告奋勇地进宫来，开导齐桓公说："你是自己伤害了自己，鬼怎么能伤害你呢？身体内部都结着气，精魂就会离散而不返归于身，对于来自外界的骚扰也就缺乏足够的精神力量。郁结着的气上通而不能下达，就会使人易怒；下达而不能上通，就会使人健忘；不上通又不下达，郁结内心而不离散，那就会生病。"

桓公听了这一番大道理，心中将信将疑，问："既然如此，那么世上还有没有鬼呢？"

告敖回答说："有。水中污泥里有叫履的鬼，灶里有叫髻的鬼。门户内的各种烦扰，名叫雷霆的鬼在处置；东北的墙下，名叫倍阿、鲑蠪的鬼在跳跃；西北方的墙下，名叫泆阳的鬼住在那里。水里有水鬼罔象，丘陵里有山鬼峷，大山里有山鬼夔，郊野里有野鬼彷徨，草泽里还有一种名叫委蛇的鬼。"

桓公就是在草泽中看到的"鬼"，听到这里，他来了兴趣："请问，委蛇的形状怎么样？"

告敖早就从桓公身边的人了解到他所遇见的"鬼"的形象，这时便不假思索地回答道："委蛇，身躯大如车轮，长如车辕，穿着紫衣戴着红帽。他作为鬼神，最讨厌听到雷车的声音，一听见就两手捧着头站着。见到了他的人恐怕会成为霸主。"

桓公听了后开怀大笑，说："这就是我所见到的鬼。"于是整理好衣帽跟皇子告敖坐着谈话，不到一天时间病也就不知不觉地好了。

从这个故事我们可以知道，真正能伤害自己的其实就是自己消极的心理，越是不积极面对生活，就会越恐惧生活。一旦将消极心理转变为积极心理，那么外界所有的不良影响都不会对我们产生作用。

生活中，我们每一个人都会不时地遇到一些磕磕绊绊，它们给我们带来消极情绪是在所难免的，我们无法控制。但是，我们能控制自己的内心，我们要做的就是从容淡定地观察事件的另一面，总有一些积极的因素等待我们的挖掘和认识。这么做，其实就是在增强自己的心气。

一个人如果心虚神弱，负面的情绪便会乘虚而入，扰乱原本积极的心态和情绪。所以，想要保持积极的心态就得具备充沛的心气和健旺的精神。这样一来，就能抛开由逆境挫折带来的负面情绪。

孟子倡导养"浩然之气"，说的也正是"增加心气"的道理。孟子认为，当我们将"心气"培养到"至大至刚"时，则"充塞乎天地"。这时，我们便能淡然面对事物，不受外界的任何影响和干扰，此所谓"我心自由主宰"。当心气修炼到这般境界，便能做到孟子所说的"富贵不能淫，贫贱不能移，威武不能屈"。

那么，我们应该怎么做，才能培养这种"浩然之气"呢？

这里，我们就要谈到"集义"之道了。

所谓"集义"，就是要把握心气的发生。我们在欣赏画作、诗词，游览山间、水流，谈论远古、今朝时，都会有一些感悟和感慨，这是我们对这些美好的事物的一种赞叹，能让我们心神恬静、身心愉快。每每这时，便是心气的发生之时。这时，我们应该把握和记住这美好时刻，并将其细细品味，永刻脑海，并返观内心，让美好的心情扩充自己。这便是"集义"。

古代，一位做了将军的父亲，看到儿子因生性懦弱，难有出息，便想出一个激励他勇气的办法来。

一次战斗前，父亲拿出一支箭，神情肃穆庄重地对儿子说："此乃祖传神箭，拥有它的人神勇无比，无人能敌。"

果然，带上那支箭后，儿子变得非常勇敢，奋勇当先，所向披靡。

大胜归来后，儿子禁不住好奇心，拔出那支箭，想看看它是怎样的一支神箭。

一看之下,他却惊呆了,原来这是一支折断了的箭。

顿时,儿子的信念垮了下来:这根本就不是什么神箭,怎么能够保佑自己呢?

后来的战斗中,失去意志支柱的儿子也失去了勇气和力量,终于战败身死。

找到阵亡的儿子,父亲拣起那支断箭,拂拭掉上面的灰尘,沉痛悲哀地摇摇头说:"不相信自己的意志,永远也做不成将军。"

可以说,在人生中,最大的敌人就是自己。只有提升自己的心灵,从根本上增强自己的素质,让内心的浮躁情绪平静下来,然后才能经得起各种险恶环境的考验,在关键时刻才能经受住巨大的压力,而发挥出自己本来具有的潜力来。

当你不断地培养你的心气,使内心不断充实起来的时候,你就很容易发现事物积极的一面,将消极情绪缩减至最小,甚至是忽略掉负面事物。如此一来,你便能战胜负面的东西,超越以前的"自我",轻松自在地生活,让自己越来越有信心,从而激发自己更大的能量。

我们常常听身边的人这样说:"人生旅程中,最大的敌人其实是我们自己。"这句话想要告诉我们的也是这个道理——只要把握了自己的心灵,让它不断成长,吸收正能量,便能增强心气,让内心坚强且归于宁静,便能经得住任何逆境和挫折的考验,也就能经受住各种压力的侵袭,从而挖掘自己的能力。

2. 不要揪着错误不放

人有过，多于过上用功，就是补甑，其流必归于文过。

——《传习录》

❋ ❋ ❋

王阳明认为，人都会犯错，但过分把精力放在过错上，就像是补破了的饭甑，就有文过饰非的弊端。这就好像人犯错后，自省是为了掩盖错误，而不是改正错误。

"文过饰非"的意思是，人们用漂亮的言辞掩饰自己的过失，出自唐朝刘知几的《史通·惑经》。

错误，人人都会犯，关键的是对待过失和错误的态度：有的人实事求是，不隐瞒、不避讳、不歪曲；有的人是只说好的不提差的，撒谎掩饰过错，即文过饰非。

世界级的伟大科学家爱因斯坦，一直为他"一生最大错事"而愧疚。爱因斯坦究竟做错了什么事？

1917 年，也就是他创立广义相对论的第二年，为了解释宇宙的稳恒态性问题，爱因斯坦和荷兰物理学家德西特各自独立进行此项工作的研究。他们发现引力场方程的宇宙解是动态的而不是静态的。也就是说宇宙要么膨胀，要么收缩。由于物理直觉上的偏见和数学运算上的失误,爱因斯坦却不放弃静态宇宙的概念,为求得一个静态的宇宙模型解,不惜在方程中引进一个"宇宙项"。这个结论在当时既符合宇宙学原理,又符合已知的观测事实。然而,1922年,美国学者弗里德曼求出了这个方程的另一个动态解;1927年比利时学者勒梅特也独立求得同一解。这些从数学角度证明,宇宙不是静态的,而是均匀地膨胀或收缩着。然而,爱因斯坦仍然不肯接受这个结果,坚持他的静态宇宙模型观。

两年后,美国天文学家哈勃根据远距星云的观测,发现远距恒星发出的光谱线有红移现象,离地球越远的恒星光谱线红移越大,这说明恒星在远离地球而去。哈勃的发现支持了弗里德曼等人的动态宇宙模型,也改变了爱因斯坦对宇宙的看法。爱因斯坦把坚持静态宇宙模型的失误称为他"一生中最大的错事",并收回了对弗里德曼等人的批评。

后来,爱因斯坦在他70岁生日之时,还向好友索洛文表示:"我感到在我的工作中没有一个概念是很牢靠地站得住的,我也不能肯定我所走的道路一般是正确的。"这句话在很大程度上包含了他在1917年的这次失误。

一位举世闻名的伟大科学家能勇于承认自己的失误,谦虚地回顾自己已被世人承认和称颂的成就,说明爱因斯坦有实事求是,尊重科学的坦荡胸怀。这也正是爱因斯坦能取得伟大成就的原因。

其实,过错并不可怕,它往往是成功的开始。美国一位大企业家曾说:"年轻人需要多犯错,因为错误是事业发展的最好燃料。"

在乔治亚州的亚特兰大市,有一名叫约翰·潘博顿的药剂师。在

1886 年 5 月的一天，他在自家的院子调制出一锅能提神解疲、有镇静和减轻头痛作用的饮料。潘博顿将这锅液体带到药房，指示他的助理魏纳伯，倒入一些糖浆和水，然后添加些冰块，他俩尝过后觉得味道好极了。

正当他要倒第二杯的时候，魏纳伯不小心加错了水，他加的不是普通的水，而是含有二氧化碳的水。没想到，他们俩更喜欢这个味道。

他们决定不以"头痛药"为名字，而是当作一般解渴的饮料来卖。因为里面含有古柯叶和可乐果，他们将这种饮料取名为"可口可乐"。

1886 年，可口可乐平均每天卖出九瓶。根据可口可乐公司的记录，潘博顿在第一年仅卖出相当于 25 加仑的饮料，赚了 50 美元，却花了 73.96 美元作广告。

至今，全世界 155 个国家的顾客，平均每天要喝掉 3.93 亿瓶可口可乐。当初的治疗头痛饮料，如今却变成全世界最受欢迎的饮料之一。

"可口可乐"因为一次过失而诞生，由此可见，错误和过失给人们带来的不止是负面影响，也可能有正面的价值。正确地面对过失和错误，是成功的必经之路。

但是现实生活中，多数人都无法看到犯错带来的正面力量；他们担心做错事，不敢尝新，所以，他们总是在原地踏步，没有长进，甚至变糟。这时候，大家应该像王阳明认为的那样，坦然面对错误，努力改正，不要像补破碎的饭甑一样，浪费时间和精力，这才是自省的真谛。

3. 知错就改，善莫大焉

一念改过，当时即得本心。人孰无过？改之为贵。

——《静心录》

在《寄诸弟》中，王阳明曾说：“一念改过，当时即得本心。人孰无过？改之为贵。”意思是，很多错误都是一念之差造成的，“人非圣贤，孰能无过”，但只要是将一念之过改正了，就可以得到“本心”，找回真正纯洁的灵魂。勇于承认错误并加以改正，是十分可贵的，所以，那些知错能改的人，也可以称得上是令人尊敬的君子。

只要活着、学习着、工作着就不可避免地会犯错。但犯错并不可怕，那些敢于承认错误、承担责任的人，反而会受到人们的尊重。而生活中、工作中，有的人为了不丢面子，从不正视自己的错误，将错就错。其实，真正的自省是完全敞开自己的内心，是灵魂对每个细胞的审视，是一种总领全局的广阔的思考，是行走中，停下来查看前后左右道路的谨慎。

战国时期，赵国有一文一武两个得力的大臣。武的叫廉颇，他多次领兵战胜齐、魏等国，以英勇善战闻名于诸侯。文的叫蔺相如，他有勇有谋，面对强悍的秦王临危不惧：他两次出使秦国，第一次使国宝和氏璧得以完璧归赵，第二次是陪同赵王去赴秦王的"渑池之会"，两次都给赵国争回了不少面子，秦王也因此而不敢再小看赵国了。于是，赵王先封他为大夫，后封他为上卿，地位在大将廉颇之上。

廉颇对蔺相如很不服气。他想：蔺相如有什么能耐，无非是会耍几下嘴皮子，我廉颇才是真正的功臣呢！他对手下的人说："我要是见到了蔺相如，一定要让他尝尝我的厉害，看他能把我怎么样！"

这话传到了蔺相如的耳朵里，他干脆装病不去上朝，避免与廉颇发生冲突。他还吩咐手下的人，叫他们以后碰着廉颇的手下，千万要让着点儿，不要和他们争吵。可是冤家路窄，一次，蔺相如出门办事，正碰见廉颇远远地从对面过来，蔺相如就叫马车夫把车子赶到小巷子里，让廉颇的车马先过去。

蔺相如的手下气坏了，纷纷责怪蔺相如胆小，害怕廉颇。蔺相如笑了笑，说："廉颇和秦王哪个厉害呢？"手下说："当然是秦王厉害了。"蔺相如接着说："我连秦王都不怕，还会怕廉颇吗？要知道，秦国现在不敢来打赵国，就是因为国内文官武将一条心。我们两人好比是两只老虎，两只老虎要是打起架来，难免有一只要受伤，这就给秦国制造了进攻赵国的好机会。你们想想，国家的事要紧，还是私人的面子要紧？所以啊，我宁可选择忍让一点儿。"

这话传到了廉颇耳朵里，他感到非常惭愧。一日，他裸着上身，背着荆条，跑到蔺相如的家里去请罪。蔺相如连忙把廉颇扶起。从此，两人成了最要好的知心朋友，一文一武，共同保卫赵国。

廉颇的行为不仅说明他是一位猛将，还是一位勇士，一个勇于正视自己错误、敢于承认错误和改正错误的勇士。王阳明告诉自己的学生，凡事要懂得从自身上找原因，而不在别人身上找原因。倘若我们能将这种反求诸己的忏悔融入我们的生活之中,成为我们生活的一部分,那么忏悔对于我们而言,或许并不是一件痛苦的事情,相反,它会是一种享受:你可以在忏悔中一直不停地思考,直到疲倦为止,甚至可以用反思看清你过去所有的过失,让一切通过时间的作用变成神圣的永恒。

忏悔能纯洁我们的心灵,在忏悔中,我们能认识并改正已犯下的过错,并且在此基础上防止同样的错误再次发生,不断地改进并完善自己。

汉朝时期,汉中地区有一个人叫程文矩,他的妻子在生下四个孩子以后,不幸去世。李穆姜在生下两个孩子以后,丈夫不幸也离开人间。经人介绍,程文矩娶李穆姜为妻,并把李穆姜的两个孩子带到程家。

同其他失去母亲的孩子一样,在李穆姜刚刚来到程家时,程文矩前妻的四个孩子最是不尊敬继母,不听从教导,有时对继母还粗暴无理。

李穆姜深知做母亲的道理,又宽宏大量,从不计较孩子的无理;她宁可让自己亲生的孩子受些委屈,也从不另眼看待那四个孩子,对他们仍然无微不至地关心爱护。

邻居看到这种情况,为之不平,对李穆姜说:

"你看那四个孩子这样不孝敬你,他们已经长大了,你为什么不让他们分家单过?眼不见,心不烦,也省得跟他们生这份气!"

李穆姜说:"我不能这样做,他们终究还是孩子,我不能推出去不管。我还是要尽做母亲的责任,他们迟早会慢慢明白过来的。"

有一次,程文矩前妻的长子程兴得了重病。程文矩在外边做事,李穆姜心里非常着急,想着就是倾家荡产也要治好程兴的病。她到处求医寻药,请来名医高手为儿子看病,每天亲自为儿子抓药、熬药,还一匙一匙地精心喂药。经过一段时间的治疗和护理，程兴的病才渐渐痊愈。长子程兴非常感激，同时也很悔恨自己，觉得兄弟姐妹四人太没良心。

有一天，长子程兴把他的弟弟妹妹叫到跟前，非常沉痛地说：

"母亲对我们倍加慈爱，这完全是出于母亲的天性。过去，我们不理解母亲，不懂得母亲的恩情，对她那样无理，这跟禽兽没有两样！母亲的心胸开阔，有气度，不跟我们一般见识，不计较我们的不孝。可我们对母亲的态度，简直到了犯罪的地步！"

他声泪俱下，越说越感到对不起母亲，他带领弟弟妹妹找母亲认罪，兄弟姐妹四人跪在地上放声痛哭，对母亲说：

"母亲，你打我们，骂我们吧，我们犯了不可饶恕的不孝之罪！"

尔后，他不顾母亲的百般阻拦，带了弟弟妹妹一起到官府，对县吏一一陈述了母亲对他们的恩德，又历数了他们是怎样地不孝敬母亲，请求官府严加惩处，以赎不孝之罪。

郡守得知此事之后，看他们确有痛改前非之意，不仅不处罚他们，而且还表彰了继母李穆姜对丈夫前妻留下的孩子的慈爱，同时决定免除他们全家应负的徭役，令他们回家好生孝敬母亲。

在继母的精心培养和教育下，六个孩子都深明义理，健康成长，成为了有用的人才。

程文矩前妻的四个孩子认识了自己的错误，并且改过自新，才有了后来的建树。然而，在现实生活中，虽然也有很多人有勇气承认自己的错误，却缺乏改过的决心，知错而不能改过。的确，承认错误只需要几分钟，但改正错误需要花费很长的时间，没有毅力是做不到的；虽然勇敢地跨出了第一步，如果无法持之以恒，终究难逃重蹈覆辙的结局。

人的一生总会难免犯下这样或那样的错误,而问题的关键则在于我们该如何去面对我们的过错。首先是知错,若连自己的错误都不承认,就无法说到下一步,其后果也必定是一错再错。倘若能去正视并且承认自己的过错,并且在此基础上对其错误改正,那么错误于我们而言是一笔财富了,要知道,犯了错误改得早,就进步很快。

有句名言:吃一堑,长一智。它就是告诉我们犯了错误,要接受教训,在哪里跌倒,就要在哪里爬起来,知错能改便是好样的。

4. 同样的错误不犯两次

颜子不迁怒,不贰过,亦是有"未发之中"始能。

——《传习录》

* * *

王阳明认为,颜回不迁怒于别人,不会两次犯同样的错,也只有"未发之中"的人能做到这样。

"不迁怒,不贰过"语出《论语·雍也》。鲁哀公问孔子:"你的弟子之中谁最好学?"孔子回答说:颜回好学,"不迁怒,不贰过"。意思是指不迁怒于人,不重复自己的过错。

国学大师梁漱溟在《孔家思想史》中写道:"'不贰过'有两层意思:一是知过。知过非常之难,根本问题是在此;我们平常做了许多错事,我们往往不知道。一是改过。知过后便不再有过,就是所谓一息不懈,所以说过而能改不为过矣。"

著名学者钱穆在《论语新解》中也说:"不贰过,非谓今日有过,后不更犯;明日又有过,后复不犯。当知见一不善,一番改时,即猛进一番,此类之过即永绝。故不迁怒如镜悬水止,不贰过如冰消冻释,养心至此,始见工夫。"

"不贰过"寥寥数字,听着简单,做则不易。现实生活中,有很多人对过失和错误讳莫如深,千方百计粉饰辩解;有的人面对批评总是强调客观,怨天尤人;有的人则认为过失和错误人皆有之,不足为怪。但凡有这般文过饰非做法的人,因为没有深刻认识到自己的过失和错误产生的根源,势必还会犯错。

《孟子》中有这样一个故事:

有一个人,每天偷邻居家一只鸡。有人劝告他说:"(做)这种事情,不是有道德的人该有的行为。"那个偷鸡的人说:"好吧,请允许我减少一点儿,每月偷一只鸡,等到了明年再停止。"

对此,孟子说:"既然已经认识到偷鸡这种行为的错误性,就应当立即改正,怎么还要等到来年再改正呢?"

故事中的偷鸡者正是因为不懂得"不贰过",不懂得反省自己的过错,才不能即刻做出改正。正如人们常说的:"聪明人和愚蠢人的区别就是,聪明的人同样的错误只犯一次,而愚蠢的人同样的错误犯多次,甚至是屡教不改。"很明显,故事中的偷鸡者是后者。

武钢是一家房地产公司的销售员,他刚来公司的时候销售业绩排在倒数第一,一年后就成了销售冠军。此后,武钢的销售业绩稳步增长,月月得冠军,年年得冠军。很多同事羡慕不已,向武钢取经,问他有什么秘诀。武钢从包里拿出一个黑色的笔记本,对同事说:"这就是我的秘诀。"同事翻开一看,里面密密麻麻地记载了武钢与客户打交道所犯下的每一次错误,以及每一次犯错误后的心得。

错误一方面使我们陷入困境,另一方面也促使我们警醒,我们要善于从错误中思考和总结。如果我们对自己犯的错误置之不理,那么错误对我们来说仅仅就是一个错误,而不会成为经验和教训,这样的错误是没有价值的。总结错误是理性的回想,是从实践上升到理论的必经之路。思考错误是智慧的升华,是预见未知、开拓新空间的前提,只有善于分析错误,才能有所收获。如何使犯错误的成本降至最低?如何使犯错误的人进步得更快?答案只有一个,那就是:同样的错误只犯一次!

既然太阳也有黑点,人世间的事情就更不可能没有缺陷。犯错误不要紧,要紧的是同样的错误不能犯很多次!如果你想成功,那么你就可能犯错误;如果你要成功,你也可能犯错误,但同样的错误只能犯一次!

被一块石头绊倒一次不要紧,要紧的是不能被同一块石头绊倒两次!

《易经》上说:"日新谓之盛德。"就是说每一天都有新的进步,这就是最高尚的品德了。而"行无贰过"则是"日新"的基础,如果不犯同样的错误尚且难以做到,又何谈新的进步呢?

王阳明强调"自省"和"慎独",其实这两点都可以看作是帮助人们避免反复犯错的重要方法。善于"自省",人方能牢记自己的错误,从中吸取经验教训;做到"慎独",则人的精神力量会愈来愈强大,而不至于优柔寡断、临时而迷,最终在同一个地方跌倒。

人之所以犯同样的错误，一方面是因为世事百态纷繁复杂难以精确掌控，更重要的是因为人们不善于自省。愈是不善于反思、总结，缺乏自制力，人犯同样错误的几率就会愈高；而性格坚定、沉稳、善于自省之人，其反复犯错的几率则会低很多。

5. 宽容安抚，以德化怨

凡人言语正到快意时，便截然能忍默得；意气正到发扬时，便翕然能收敛得；愤怒嗜欲正到腾沸时，便廓然能消化得。此非天下之大勇，不能也。

——《顺生录》

❉　✳　❉

"宰相肚里能撑船"不是一句虚话，但凡真正的大人物，都有相对广阔的胸襟，斤斤计较之辈，一般难有太大出息。

王阳明虽然没有做过宰相，却比一般宰相还要大度。平定了叛乱，俘虏了宁王朱宸濠后，他先是把功劳全都让给了别人；而之后，朝中公公张永向王阳明索要朱宸濠筹备造反时打通关系送礼行贿的账本。张永本想借此账本整理那些平时跟王阳明唱反调的人，但王阳明却声称把这个账本给烧了。在他眼中，叛乱已经平定，再没有理由大动干戈,就到此为止。

一个真正成功的人,必须要有博大的胸襟。一个胸襟宽广的人,才能不被狭隘偏私所限制,才能认识生命真正的意义,成为识人才的伯乐,眼光高远,千金买马骨。

汉光武帝时,有个叫王郎的人想造反,结果事败被刘秀给杀了。在搜查王郎的府邸时候,获得了大批王郎的部下与王郎暗中勾结谋划造反的书信。这些部下该杀吧,可刘秀却不杀,他甚至连信都没有看,把所有的将领召集来,当众将这些信都烧掉了,以此来表明自己对此事不予追究,来安抚这些叛将的心。

和刘秀一样,曹操也遇到过此类事情。当年"官渡之战",曹操扫除了北方最强劲的对手袁绍,统一了北方。在从袁绍处缴获的战利品中找到了书信一束,都是许都和军中的一些人与袁绍暗通的书信。当时有人建议曹操,对照书信一一点名,然后把这些人抓起来而后杀了他们。但曹操却没有看信,而是当着众人的面把信全部都给烧了,而且事后连提都没提。

刘秀和曹操都是成就了一番事业的人物,是在历史上给后人留下深刻印象的人物;他们之所以能够成为了不起的人物,是他们拥有能宽恕别人的气度,有那么一种不同凡响的风度。

曹操在诗中所说:"青青子衿,悠悠我心。但为君故,沉吟至今。"无论在什么时代,人才永远都是最重要的。人才难得,所以很多成功人士对冒犯自己的人才往往既往不咎,收为己用,这也是他们能成就霸业的关键。

春秋时期齐国国君齐襄公被杀。襄公有两个兄弟，一个叫公子纠，当时在鲁国；一个叫公子小白，当时在莒国。两个人身边都有个辅佐者，公子纠的辅佐者叫管仲，公子小白的辅佐者叫鲍叔牙。两个公子听到齐襄公被杀的消息，都急着要回齐国争夺君位。在公子小白回齐国的路上，管仲早就派好人马拦截他，管仲拈弓搭箭，对准小白射去。只见小白大叫一声，倒在车里。管仲以为小白已经死了，就不慌不忙护送公子纠回到齐国去。怎知公子小白是诈死，等到公子纠和管仲进入齐国国境，小白和鲍叔牙早已抄小道抢先回到了国都临淄，当上了齐国国君，即齐桓公。齐桓公即位以后，即发令要杀公子纠，并把管仲送回齐国治罪。管仲被关在囚车里送到齐国。鲍叔牙立即向齐桓公举荐管仲。齐桓公气愤地说："管仲拿箭射我，要我的命，我还能用他吗？"鲍叔牙说："那时他是公子纠的臣子，他用箭射您，正是他对公子纠的忠心。论本领，他比我强得多，主公如果要干一番大事业，管仲可是个用得着的人才。"

齐桓公也是个豁达大度的人，听了鲍叔牙的话，不但不办管仲的罪，还立刻任命他为相，让他管理国政。管仲帮着齐桓公整顿内政，推行富民强兵的改革政策，后来齐国就越来越富强了。

齐桓公既往不咎，原谅了管仲的冒犯，原因在哪儿呢？一是各为其主，管仲射杀自己的行为情有可原；二是管仲确有大才；还有最重要的一点是齐桓公确实是一个有胸襟的人。化敌为友，使其成为自己最得力的干将，这是古代领导者常见的戏码。

王阳明接受两广新任命的时候，当朝的小人对其的诬陷仍然不断，朝廷没有对其给予任何的澄清；但是王阳明把天下百姓安危放在最重要的位置上，不顾病体，踏上了前往广西收拾残局的道路。没有私心也就自然能够容忍小人的不仁。生活中，我们虽然没有机会面对这样的重大选择，但也应该学学王阳明，凡事不要总考虑自己的利益，心自然就能容纳更多。

6. 把诽谤和侮辱作为进取的动力

人若着实用功，随人毁谤，随人欺慢，处处得益，处处是进德之资。若不用功，只是魔也，终被累倒。

——《传习录》

❉　❉　❉

面对诽谤和侮辱，王阳明倡导人们既要有超然坦荡的心境，又要实实在在地用功，相信自己的良知。如果能脚踏实地、扎扎实实地下苦功，就能在诽谤和侮辱中得到益处。如果不用功致良知，别人的诽谤和欺辱就会像魔鬼一样对你纠缠不休，而你也会在和这些魔鬼的对抗中身心疲惫，最终被伤害的还是你自己。

一个人成功之后，往往会被嫉妒、被诽谤。俗话说得好："木秀于林，风必摧之；行高于人，众必非之。"一颗树长得比其他树木高，风首先吹断的必然是这棵树；有才能、地位比较突出的人，往往是他人争相攻击的对象。在这种情况下，哪怕是圣人，也难以幸免。

有一个人问王阳明："《论语》说：'叔孙、武叔诋毁孔子。'像孔子这样的大圣人，为什么还不免被诋毁诽谤？"

王阳明回答说："毁谤是从外界来的，即使是圣人也免不了。人应该只注重自身修养。如果自己实实在在是个圣贤，纵然人们都毁谤他，也说不倒他。好比浮云蔽日，怎么能损害太阳的光明呢？如果自己是个外貌端庄恭敬、内心空虚无德的人，纵然没有一个人说他坏话，他潜藏的恶也总有一天会暴露。所以孟子说：'有意料不到的赞扬，也有过于苛刻的诋毁。'毁誉来自外面，怎么能逃避？只要能够修养自身，外来的毁誉又能怎样呢？"

一些人喜欢对比自己优秀的人进行诋毁和诽谤；而另有一些人更有一种劣根性，就是喜欢对不如自己的进行嘲笑甚至侮辱，以此显示自己的优越性，获得一种快感，也就是通常人们所说的"把自己的快乐建立在别人的痛苦上"的一种快乐。

面对诽谤和侮辱，在王阳明看来，既要有超然面对的心态，更要有超越它的勇气。如果能脚踏实地、扎扎实实地痛下苦功，就能在诽谤和侮辱中得到益处。

曾任微软公司中国区总经理的吴士宏女士的经历，正是在侮辱中获得前进力量的一个例子。

开始吴士宏在 IBM 公司工作时，只是一个负责打扫卫生、沏沏茶、倒倒水，以及各种勤杂活的卑微工作人员。当时虽然她感到很自卑，却也很满足，因为这毕竟解决了自己的温饱问题。

因为身份的卑微，公司的职员都不把她放在眼里，连门卫都故意要检查她的外企工作证来为难她，一些资格老的职员更是动辄支使她去做事。

一个资格很老的女职员非常恼火地发现，她冲好的咖啡多次被人偷喝，这时家庭贫穷、地位低下、负责沏茶倒水的吴士宏自然成了她的怀疑对象。当吴士宏朝她走过来时，便没好气地说："拜托了，你喝过咖啡后，请帮我盖上盖子！这是基本的礼貌，懂不懂？"

一听这话，无辜的吴士宏气得浑身发抖，在她看来，这简直是对自己人格的最大侮辱！她在心中暗暗地发誓，总有一天，自己会有能力去管理公司里的每个人，不管他（她）资格有多老！

从这之后，吴士宏每天都要比别人多付出6个小时来工作和学习，因为她知道只有通过努力，才能改变这种无端遭受别人侮辱的现状。惊人的付出与努力，终于使她成为了IBM公司中国华南区的总经理，后来又成为了微软公司中国区的总经理。

吴士宏的经历告诉我们，有时诽谤和侮辱确实能造成一种心境，能震撼你的灵魂深处，促使你去改变自己，完善自己，从而将自身的潜力最大限度地发挥出来，成就一番事业。

所以诽谤和侮辱并不可怕，面对那些恶意中伤、侮辱你的言语和行为，你要以此为契机，激励自己不断进取；只有做得更好、做出更大的成绩，才是让诽谤者闭嘴的最好方式，也是对那些侮辱你的人的最好回应。

其中的关键，就象王阳明所说的，就看你能否实实在在地去用功了。

相反，如果面对别人的诽谤或侮辱，不知努力用功，而是过于在意，与之纠缠不清的话，就会浪费许多宝贵的精力与时间在上面，最后自己身心被拖累而一无所获。

第六章

"毋责人，但自治"

——自我反省，待人宽律己严

"毋责人，但自治。"

——摘自《王阳明家训》

✾ ✾ ✾

东汉时期，有个清官叫杨震。他在荆州做官的时候发现了才华横溢的王密，就推举他做了昌邑县令。当杨震去东莱出任太守途经昌邑时，王密为答谢杨震以前对自己的举荐之恩，趁夜深人静怀揣10锭黄金到驿馆拜见杨震。杨震对王密此举很是生气，毅然拒绝。王密四下瞅了瞅说："夜黑人静，是不会有人知道的。"杨震义正辞严地说："天知、地知、你知、我知，你怎么说没有人知呢？"说完他生气地将黄金掷于地上。

好一句：天知，地知，你知，我知。虽然你不说我不说就没人知道了，但心知道了就整个世界知道了啊。

杨震说话的重点并非在责备王密上，而是在其自治方面。"自治"，心知道了，整个世界就都知道了。如果我们自律自治能达到这种境界，还会担心自己德行有亏吗？

1. 宁静的心灵需要自省

学须反己。若徒责人，只见得人不是，不见自己非。若能反己，方见自己有许多未尽处，奚暇责人？

——《传习录》

✽ ✽ ✽

王阳明认为，"人们应该学会自我反省。如果总是责备别人，老是看到他人的不对，便见不到自己的缺点。如果能时常反省自己，就能看到自己身上的很多不足之处，需要加以改正，哪里还有时间去责备他人呢？"

不是人人都能从一开始就清楚地认识到自省带来的积极作用。实际上，当我们的心灵经过自省的洗礼，心里的杂念和纷扰就会如流水般淌走。

有一位老人，每天都带着他的小孙子摇头晃脑地读着《诗经》《春秋》《三国志》等古书籍，书声琅琅。

一天，小孙子问道："爷爷，我读《道德经》但都猜不透里面的意思；有时似乎理解了一点，可是一合上书又很快就忘了。这样的读书又有什么收获呢？"

爷爷把煤扔到炉子里，很平静地转向孙子，说："拿着这只装过煤的篮子，到河里去盛水回来给我。"

孙子照他说的去做，但是在他到家以前，水都漏光了。爷爷笑着说："下次你得走快点。"又让小孙子去河边再试试。这次孙子飞快地跑回来，但满篮子的水仍然漏光了。他喘着粗气，对爷爷说："爷爷，不可能用篮子打到水的，换成桶吧！"老人说："我不想让你用桶打水，想让你用篮子。你没有尽力。"说完他走到门外，要孙子又去试一遍。

孙子很听爷爷的话，听到爷爷这么说，就又到河边打水去了。可是无论他如何尽力快跑，水还是在回到家以前就漏光了。

他上气不接下气地说："爷爷，瞧啊！没有用的，我说过，没用就是没用，你非让我……"

"你真的认为没有用吗，孩子？你看看篮子。"

孙子看了看篮子，发现篮子已经不一样了，它变得十分干净，已经没有煤灰沾在竹条上面了，连提手也变得有光泽了。

"孩子啊，这和你诵读古典书籍是一样的。也许你只记住了只言片语，也许你一丁点儿也不明白其中的意思。但当你诵读后，你已经在不知不觉地改变了，那些文字会影响你，会净化你的心灵。"

其实，我们每一个人都应该有一本心灵的书，即使我们未曾记住一句话、一个字，却依然会受益终生。因为，它会让我们的心灵如泉水般清澈、纯净，这就是自省的作用。

自省是道德完善的重要方法，是涤荡心灵的一股清泉，它能给我们混沌的心灵带来一缕光芒。在我们迷路时，在我们掉进了罪恶的陷阱时，在我们的灵魂遭到扭曲时，在我们自以为是、沾沾自喜时，自省就像一道清泉，将思想的浅薄、浮躁、消沉、阴险、自满、狂傲等尘垢涤荡干净，重现清新、昂扬、雄浑和高雅的旋律，让生命重放异彩，生气勃勃。

自省的主要目的是找出过失并纠正，所以自省绝不可以陶醉于成绩，更不可文过饰非。以安静的心境自查自省，才能克服意气情感的干扰，发现自己的本来面目，捕捉到平时自以为是的过失。

只有善于发现并敢于承认自己的过失，才可以进一步纠正过失。我们常看不到自己的短处，很多缺点都是通过旁人的指正才知道。这就要求我们有一颗平常心来对待别人善意的规劝和指责，反省自己的过失。

很多时候，只有身边的人提出了自己的短处，自己才会知晓。这个时候，我们要做的就是虚心听取他人的建议，并且花时间自我分析，独自反省自己的问题。因为只有勇于面对自己的短处，并及时弥补，才能让自己成长。

忠言逆耳，但利于行。当他人严厉地指出你的不对之处和缺点时，那些不易被自己察觉的短处就会被心灵之光照亮。我们要做的不是去抱怨他人的苛刻，而是先从自己身上找问题。这一点，唐太宗李世民就是一个伟大的榜样。

李世民有一个十分敢于直言的宰相，名叫魏征，他像一面镜子一般毫不掩盖地照出唐太宗的缺点。正是因为魏征的勇敢进谏，使得李世民完善治国之道，让国家空前繁荣。这个辉煌国家的成就，不仅得益于魏征的敢于直言，更应该归功于李世民的宽容大度。正是因为他强大的包容和及时的自我反省，让魏征的建议，哪怕是十分刺耳的意见都能被听取，才让国家发展起来。得到成长的不仅是一个国家，还有李世民自己，他一次次地听取建议，自我反省，最终成就了自己，受到万民爱戴。

自省并不是一个简单安逸的过程，就像我们用自己的手切掉身上的毒瘤一般痛苦。虽然如此痛苦，但却是根除病毒的唯一方法。知道和认识自己的短处并不难，难的是敢于面对和纠正。懂得自省，是大智；敢于自省，则是大勇。一个人只要光明磊落行事，心胸开阔做人，也就不怕自省带来的痛苦。王阳明的致良知之说"明心见性"也是这个道理。一切都存在于心中，只要有心自我反省，就是致良知。

孔子说："君子之过也，如日月之食焉。过也，人皆见之；更也，人皆仰之。"意思是说，君子犯的错误，就像日食和月食。日食之后的太阳愈加灿烂，月食之后的月亮更加皎洁，而君子在改正错误后也会更加受人敬仰。

2. 欲得人心，须容人之过

及至吾身与吾亲，更不得分别彼此厚薄。盖以仁民爱物皆从此出，此处可忍，更无所不忍矣。

——《传习录》

❋　❋　❋

对于包容他人的过错，王阳明有着自己的一番哲学。

嘉靖元年，一位泰州的商人来到了王阳明的家。和王阳明比起来，他只是个无名小卒，但奇怪的是，他却吸引了很多人的注意。

因为这位仁兄的打扮实在惊人，据史料记载，他穿着奇装异服，戴着一顶纸糊的帽子，手里还拿着笏板，这在当时，就算是引领时代潮流了。

他就穿着这一身去见了王阳明，很多人并不知道，在他狂放的外表后面，其实隐藏着另一个目的，然而他没有能够骗过王阳明。

王阳明友善地接待了这个人，与他讨论问题，招待他吃饭。他对王阳明的学识佩服得五体投地，便想拜入门下，王阳明答应了。

不久之后，他又换上了那套行头，准备出去游历讲学。王阳明突然叫住了他，一改往日笑颜，极为冷淡地问他，为何要这种打扮。回答依然是老一套，什么破除理学陋规，讲求心学真义之类。王阳明静静地听他说完，只用一句话就揭穿了他的伪装："你只不过是想出名而已。"眼见花招被拆穿，也不好待下去了，他拿出了自己最后的一丝尊严，向王阳明告别，准备回家。

王阳明却叫住了他，对他说，他仍然是自己的学生，可以继续留在这里，而且想住多久就住多久。

此人终于明白，所谓家世和出身，从来都不在王阳明的考虑范围之内，他要做的，只是无私地传道授业而已。他收起了自己的所有伪装，庄重地向王阳明跪拜行礼，就此洗心革面，一心向学。这个人的名字就叫做王艮，他后来成为了王阳明最优秀的学生，并创建了泰州学派。

作为上级或者师长，不能容忍下属、学生的过错与不足，久而久之就很难在下属或者学生之中树立起威信。

若凡事都锱铢必较，没有一颗包容之心，只会让身边的人如履薄冰般地做事；毫无自信、战战兢兢地做事肯定不会做得非常完美，到头来还是会影响自己的事业。小事能容，大事指导，作为上级，我们也不能一味地容忍下属的过失，有惩有罚才能促其成长。

楚庄王逐鹿中原。连续几次取得了胜利。群臣都向楚庄王祝贺，庄王设宴款待群臣，席间，庄王命最宠爱的妃子为参加宴会的人敬酒。

这时，天色渐渐按下来，大厅里开始燃起蜡烛。猜拳行令，敬酒干杯，君臣喝得兴高采烈，忽然，一阵狂风刮过，客厅内所有的灯火一下全被吹灭，整个大厅一片漆黑。庄王的那位宠妃，正在席间轮番敬酒，突然，黑暗中一只手拉住了她的衣袖，她顺手一抓，扯断了那个人帽子上的缨。那人手头一松，妃子趁机挣脱身子跑到楚庄王身边，向庄王诉说被人调戏的情形，并告诉庄王，那人的帽缨已被扯断，只要点亮蜡烛，检查帽缨就可以查出这个人是谁。

楚庄王听了宠妃的哭诉，趁灯还未点明，便在黑暗中高声说道："今天宴会，盛况空前，请各位开怀畅饮，不必拘礼，大家都把自己的帽缨扯断，谁的帽缨不断谁就是没喝好酒！"

群臣哪知庄王的用意，为了讨得庄王欢心，纷纷把自己的帽缨扯断。等灯重新点燃，所有赴宴人的帽缨都断了，根本就找不出那位调戏宠妃的人。

就这样，调戏庄王宠妃的人，不仅没有受到惩罚，就连尴尬的场面也没有发生。

时隔不久，楚庄王借口郑国与晋国在鄢陵会盟，于第二年春天，倾全国之兵围攻郑国。战斗十分激烈，历时三个多月，发动了数次冲锋。在这场战斗中有一名军官奋勇当先，与郑军交战斩杀敌人甚多，郑军闻之丧胆，只得投降，楚国取得胜利。在论功行赏之际，才得知奋勇杀敌的那名军官，命叫唐狡，就是在酒宴上被宠妃扯断帽缨的人，他有此举正是因为感恩图报！

大肚能容，方能得人之心。领导者在包容下属的同时，也是在为自己寻找助力，只有容人之过，念人之功，谅人之短，扬人之长，才能得到下属的倾力回报，自己的事业才会辉煌起来。

人生在世，孰能无错？犯错之后的人们，总是想方设法弥补自己的过错，希望改过自新。如此，我们为何不用一颗包容的心来对待他们？为何不对犯错之人多给一次机会？给他们一次改过的机会，实际上也是给了自己一次被他人报恩的机会，何乐而不为呢？

3. 悔悟改过之道

侃多悔。先生曰："悔悟是去病之药,然以改之为贵。若留滞于中,则又因药发病。"

——《传习录》

❈ ❈ ❈

薛侃经常悔过。阳明先生说:"悔过是去病的药,但是贵在改正。如果把悔恨留在心里,那又是因用药不当而生病了。"

王阳明认为,一个人有悔改之心是完善自我道德的良药,但一个人不应该有罪恶感。无论你做过什么,如果你觉得做错了,就别再这样做,吸取教训,下次别再重蹈覆辙就行了,没有必要感到有罪,没有必要以苦行来折磨自己。

有意识的自我反省虽然是必要的,但如果是一种经常不断的、每日每刻都进行的自我猜测或者对过去行为的无休止的剖析,最终只能导致你对整个自我人格的伤害。

俗话说,"覆水难收",但我们是怎样对待已经过去的事呢?我们的心灵总是为过去甚至未来那些东西所束缚着,总是在那儿自我折腾着:我那时怎么就那么傻呢?我怎么就犯如此低级的错误呢?时时保留着这样一种悔恨的心情,就是对自我批评的过度反应。

就象鲁迅笔下的祥林嫂一样,她的悲惨遭遇固然有社会制度方面的原因,但她不能从粗心而痛失儿子的悔恨中解脱出来,而是在一次又一次的反复回味中,使自己的心灵不断地受到刺激和伤害,这也是造成她最后精神崩溃的原因之一。

时时保持这种对过去之事的悔恨之心,对于自身修养来说,是毫无益处的。正如王阳明指出的那样:"只要常存养此心,就是学。过去和未来的事,想它有什么益处?只是丢失本心罢了。"

人应该有知耻之心,但不该让它成为负担。

其实王阳明教给我们的,就是怎样实现自己内心的洒脱与清明境界,达到一种不受物欲束缚的状态。

只有心不留境,才能不被光怪陆离的外在环境所牵累,才能始终保持像程颢所说的"动亦定,静亦定;无将迎,无内外"的行如流水般的定境。

达到这种状态有什么好处呢?

王阳明倡导的是儒家圣学,强调的是与万物为一体的心境,进而达到"内圣外王"的修养境界。而"内圣外王",则是要将这种内在的道德修养,转化为人本来应该具有的大智慧,去社会上最大限度地实现自己的人生价值,完成自己的人生使命。

如果把悔恨留在心中,那又会发生什么样的情形呢?

现在,科学家已向我们指出,每个人自身都蕴藏着非常大的潜能,只是未被激发或受到压抑。如果你对否定反馈或批评反应过了头,则可能导致潜能受到负面思想的压抑。

如果某一件事搞砸后,我们经常在心里纠缠着这件事,负面的情绪将会盘踞在大脑深处,心里时时处在这样一种矛盾冲突的状态中,自身的潜能自然就会受到严重的压抑,就会影响着今后的人生成就。

鉴于此,五百年前的王阳明,就对学生提出了不要将悔恨留在心中折磨自己的忠告，这实在是极有见地的。

有这么一个故事。

唐代著名的禅师慧宗非常喜爱兰花。

一天，慧宗禅师要外出弘法讲经，临走前，他交待弟子要护理好他种的兰花。

对于师父吩咐的事，弟子们当然非常用心地去做，把那些兰花服侍得无微不至。

但不巧的是，"天有不测风云"，有一天傍晚时天气还是好好的，看不出有一点要下雨的样子，弟子们便没有把兰花搬到室内。到了半夜，却突然下起大雨来，狂风怒号。

第二天一早，弟子们起来一看，一个个顿时傻眼了，只见师父酷爱的几十盆兰花被狂风暴雨打得七零八落，不成样子了。

过了几天，慧宗禅师终于回来了，他的弟子惶恐不安上前迎接师父，准备接受另一场"狂风暴雨"的洗礼。

没想到禅师明白事情的经过后，神色依然是那样的从容自若，平静地安慰弟子们道："没什么，你们知道，我不是为了生气而种兰花的。"

慧宗禅师的风范，应该使我们的心灵产生醍醐灌顶般的震撼。

其实，事物的运行有固有的规律，许多事情有时是我们不能控制的，只是我们希望能控制一切，所以才造成了灾难。

我们对不符合自己意愿的部分持抵触情绪，一厢情愿地去追求理想中的完美境界，而不能接纳"金无足赤人无完人"这个事实，这就导致了悔恨的情绪纠缠于内心，折磨着自己。

要想不让自责、抱怨的念头留滞于心中，关键就在于如何运用智慧去决定说"是"或"不",而不是按照自我的立场去直接反应。我们必须无条件地接受已经发生的一切。当你不小心犯了一个低级的错误时,你感到痛惜、悔恨、懊丧,这都是正常的,但不必据此认为自己是个"不可救药"的人。

所以,所谓的"悔悟",对所做的事情感到后悔之后一定要善于"悟",不能一直悔下去,正如有一位名人说过的那样:"人不可能不犯错,但重要的是不要犯同样的错误。"

我们的心情就好像是原本晴朗光明的天空,而悔恨之心就如同乌云,如果一悔即悟,乌云随风散去,心灵依然是晴空万里。但假如悔而不悟,乌云越积越多,那就是满天阴霾了,我们就会看不清方向,就容易再犯同样的错误。

悟,就是要悟到世界原是不完美的,但不完美中又包含着完美,正如没有长,哪里来的短?自己的思想和行为也是一样,是不可能做到百分之百令人满意的,总会有这样那样的不足之处。俗话说得好:"百密一疏","智者千虑必有一失"。即使思考得再缜密,有时也难免会出些疏漏;即使是非常聪明的人,在千思百虑中,肯定也会偶尔犯错。

要做到"悔悟",其中的关键就是要全面接受自己和人生的本来面目。当悔恨、自责的情绪在心中纠结着,只有你能尽快地接受这个现实,这些负面情绪才能被你察觉到,你才有可能采取措施去克服并超越它。

当你能用开放的心包容这一切时,你会发现自己发生了奇妙的改变。以往那些总是干扰你的消极感觉失去了控制你的能力,你就能轻松上阵,快乐生活。

4. 静察己过，勿论人非

是非之悬绝，所争毫厘耳。

——《静心录》

✿　✿　✿

有一个朋友经常因为生气而指责别人。王阳明告诫他说："人要自省，若老是去指责别人，看到的只能是别人的错误，就不会看到自己的缺点。返身自省，才能看到自己的不足之处，也就不会去指责别人了。

议论他人是非并不是一个好的行为方式，古人曾如此告诫世人："时时检点自己且不暇，岂有工夫检点他人。"圣人孔子也曾说过："躬自厚而薄责于人。"意思无非是，在静查己过的同时勿论人非。

"静坐常思己过，闲谈莫论人非"，这是古人修身的名言，告诫人们要常怀自省之心，检讨自己的过失，闲谈之时，不要谈论他人是非。提高品德修养，常怀宽阔胸襟，严于律己，宽以待人，这对于个人修身确实重要。

一个没有原则的人，和无赖无异。人只有时时自省，给自己锻造身心的曲规，才能在不断完善自我的过程中获得对自己有价值的东西，提高自我；同时，这也是一种自我价值实现的过程。

自省，就是自我反省、自我检查，以能"自知己短"，从而弥补短处，纠正过失。力求上进的人都很重视自省，因为他们知道，自省是认识自己、改正错误、提高自己的有效途径，自省使人格不断趋于完善，走向成熟。

而"勿论人非"则又体现出了故人对于为人处世的另一层哲理性的思考与智慧。的确，有是非之言的地方便成了是非之地。人生在世，你有你的是非，他有他的是非，是非总是讲不清的，而人往往容易为是非所累。

有这样一个大家耳熟能详的故事：

祖孙俩买了一头驴，爷爷让孙子骑着走时，别人议论孙子不懂孝敬；孙子让爷爷骑着走时，有人指责爷爷不疼爱孙子；祖孙俩干脆都不骑了，又有人笑话他俩放着驴不骑是傻瓜；祖孙俩同时骑在驴背上，又有人指责他们不爱护动物。结果，不知所措的爷孙俩只好绑起驴扛着走了。

祖孙俩两人最后不知所措，是因为他们被那些"是非"所累。"是非"本身就是极其无聊的谈资，没有任何意义的，而且那些喜欢在背后议论他人、搬弄是非的人往往是最可恶的人。其实，背后议论别人并非是什么好事，也不是正人君子的作风；做人就应该做得光明磊落，有话就当其面说，不要在背后搞任何的小动作。要知道一味地去搬弄是非不仅是害人，同时也是害己，对于自身而言也没有任何好处，反而让人看不起。

喜欢议论别人，对别人能够明察秋毫，而对自己却不能有个清醒的认识。喜欢议论别人的人，他自己本身往往就有许多缺点，可他却从不正视，绝不作自我批评。实际上，议论别人成了掩盖自己缺点的外衣。越是这样，缺点越得不到改正，长此以往，坏习惯就养成了。到头来对自己没什么好处，对他人来讲也不会有什么好的影响。"正人才能正己"，不能律己，又何以要求别人呢？

在王阳明看来，是与非相差并不遥远，"所争毫厘耳"。的确，只差毫厘就有了本质的变化了。正所谓"失之毫厘谬以千里"，好与坏、对与错、是与非只在一念之间。既然是这样，那么莫不如少谈论一些是非，多一些对自己的省察。

自省拭心心自明。只要我们经常地自我反省，每日多擦拭心灵，就能更好地完善自我，避免失败重演。

5. 反观自身，不断自我提升

见贤思齐焉，见不贤而内自省，则不至于责人已甚，而自治严矣。

——《悟真录》

❋ ❋ ❋

自省是一面莹澈的镜子，它可以照见心灵上的污垢，继而照亮前进的路途。工作中，有很多人经常怨天尤人，就是不在自身上找原因。实际上，一个人失败的原因是多方面的，只有从多方面入手寻找失败的原因，并有针对性地进行自省，才能起到纠错的作用。

"见贤思齐焉，见不贤而内自省"，王阳明十分赞同孔子的这句话。看到比自己好的人就要争取进步与之齐头并进，见到不好的就要反思自己是否也有这样的错误或者坏习惯，这样才不至于严于待人，宽以待己。如果要想成为一个成功的人、伟大的人，恰恰要严以律己、宽以待人，从反躬自省中完善自己，发现、发展自己的优势力量。

陈子昂是我国初唐著名诗人。他的老家是梓州射洪（现在的四川省射洪县），幼年时他就随父亲一起来到了京城长安。由于父母平时对他非常娇惯，所以他长到十几岁时仍然不爱读书，每天只知道跟他的朋友出城打猎、游玩，要不就是四处找人斗鸡赌钱。

随着时间的流逝，陈子昂渐渐长大了，这时他的父母才发现自己的宝贝儿子不学无术，一无所长，并开始为他的前途担忧。父母对他平日里的行为再也看不下去了，多次劝他除掉身上的恶习，潜心攻读，可陈子昂早就游荡惯了，哪里听得进去。

有一天，他在游玩途中路过一处书塾，在窗外无意中听到老师在说这样一段话："一个人是否能够享有荣誉或蒙受耻辱，完全取决于他本人的品德。品德好的人，自然会享受荣誉；品德坏的人，也自然会蒙受耻辱。一个人如果放任自流，行为举止傲慢，身上具有邪恶污秽的东西，就无法得到他人的尊敬。要想成为一名君子，就要让自己博学多才，还要经常用学来的道理对照自身进行检讨。如果坚持这样做下去，你的学问和知识就会越来越多，行为上也很难有什么过失了。俗话说得好：'少壮不努力，老大徒伤悲。'在生活中，我们看到别人能做一番大事业时总是非常羡慕人家，可是你哪里知道，人家之所以能够取得成功，是下了一番苦功夫的！不经过自身的努力就想得到学问，那就如同缘木求鱼一样幼稚得可笑。"

无意中听到的这一番话，使陈子昂的内心受到很大的触动。他忘记了游玩，马上赶回家，在自己的屋中反思起来，回首自己以前做过的荒唐的事情，心里追悔莫及。从那一天起，陈子昂毅然跟原来那些朋友断绝了来往，把在家中饲养的各种小动物也都放掉了，和书本成了朋友，每天书不离手，勤奋刻苦地学习，最后成为了一名伟大的诗人。

每个人都需要反思自己的行为，陈子昂如果没有反思想必也很难成为留名千古的大诗人。要想取得成功，必须适时清理一下内心的"乌云"，经常自省，把负面的因素扔进"垃圾桶"，吸取过往教训，总结经验，以免今后发生类似的事件。

王阳明和学生讨论"中"，他认为"中"不是物，而是学者涵养省察时的景象。君子修德，学者求学，圣人得道，乃至君主治国，都要时时寻找和守定这样自省的景象；背离这种景象，就会落于私欲的俗套。

自省对一个人的成长有着至关重要的作用，能使人学会自制。在生活中，我们不一定都像陈子昂那么幸运，能够碰到一位老师，说出一些足以打动我们内心的话，但如果我们能够及时反思，也会收到很好的效果。司马光的故事深刻地说明了这个道理。

司马光是北宋著名的政治家和史学家，从小就非常聪明，学什么会什么，因此很多人都称他为小神童。司马光也很得意，觉得自己很了不起。

有一天，小司马光路过厨房时，一股香味迎面扑来，走进厨房一看，原来仆人正忙着做司马光最爱吃的八宝饭。司马光一见，立即嚷着要吃。可是，八宝饭还没有做好，怎么吃呢！一个机灵的仆人笑着逗司马光说："看到这些青核桃仁了吗？如果你能把核桃仁上的这层青皮剥掉，马上就可以吃到香喷喷的八宝饭了！"

司马光一听就乐了："这好办，你们等着，我很快就可以剥掉！"说完，跑出厨房，坐在院子里，认真地剥起核桃仁来。没想到，这层青皮虽然很薄，但是要想剥下来却并不容易。

一开始，司马光用指甲一点点地抠，可是，抠了半天，不但没有剥出几个，反而捏碎了不少。就在小司马光急得抓耳挠腮的时候，一个丫环走过来，悄悄告诉他："公子，你只要把核桃仁放进开水里泡一下，就好剥了。"司马光试了一下，果然很灵，所以没一会儿工夫就把一大盆核桃仁都剥出来了。

看着白嫩嫩的核桃仁，司马光高兴极了，急忙拿去给姐姐看。姐姐惊奇地问："这都是你自己剥的吗？"司马光本来想说这是丫环教他的，可又怕丢面子，就说："当然了。"

司马光话音刚落，父亲就从旁边走过来，非常严肃地说："光儿，我刚才明明看到是丫环教你剥的，你怎么不肯承认？"被父亲一批评，小司马光的脸顿时红了。

这时，母亲走过来说："光儿，你父亲说得对，是别人教你的就是别人教你的，来不得半点虚假，怎么可以撒谎呢！你应该好好地反省一下自己，做人可一定要谦虚呀。"那天晚上，司马光就一直在房间里认真地反思自己。从那以后，他总是每隔一段时间就进行自我反省，看看自己哪些事情做得对，哪些事情做得不对，并且在遇到问题的时候虚心向别人请教，终于成为了著名的历史学家和政治家。

一个人只有不断地反省，才会不断地提高。一个人进步的能力、学习的能力，就体现在其反省的能力上。若能通过自省找到自己的优势，并将优势发挥到极致，就能在该领域中取得非凡的成就，获得人生的成功。

因此，我们在成长的路上，心中应常留一面反省的镜子，照照自己身上的缺点或者陋习，有则改之，无则加勉。自我反省就是心里的一块明镜，照亮你心中每个阴暗的角落，让阳光折射进来的同时，也照亮了灵魂。这样你就能在不知不觉中超越众人，跨越平庸的鸿沟，从众人中脱颖而出。

6. 静时存养，动时省察

省察是有事时存养，存养是无事时省察。

——《传习录》

✾　✾　✾

老子《道德经》中说："知人者智，自知者明。"只有自知，才能知人。确实，人需要有自知之明。特别是身处困境，地位低下的时候，一个人更应该反省自身，多思考一下自己的缺陷和不足，才能借此不断地自我调整而进步。

王阳明也很看重自我省察，他说省察是有事的时候存养天理，存养天理是无事的时候省察。通过省察看清自己是成功的基础，不能因为境况的不如意而迷迷糊糊，混天度日。

有这样一个故事:

神经组织学家拉蒙·伊·卡哈尔,西班牙人,父亲是乡村医生,不重视对孩子的教育。因此,小卡哈尔不好好学习,总与一些坏孩子在一起胡混,后来闯了祸,还被警察拘留了三天,把他父亲气坏了。出来后,他坏毛病仍然不改,又因为戏弄女同学被学校开除。父亲要打他,他吓跑了。在外胡混了一年后又回了家,结果父亲真的被他气死了。父亲没了,他只好去做苦工维持生活。

他很早就爱慕邻家的一个女孩,总想找机会接近她,可是那姑娘根本不理他。一天,他看姑娘与人谈话,想靠近听听,那姑娘好像在议论他:"顽童都是没志气,也不会有好前途的人。"他立刻脸红心跳,姑娘的话大大刺激了他。回家以后,他躺在床上不吃饭、不睡觉,脑子里全想着这事。他终于明白过来:人不能像自己这样胡混,并下定决心改变自己。

他重新上学,一改过去的坏毛病,勤奋学习……校长和老师都感到奇怪。终于,他以高中第一名的好成绩考上了萨拉戈萨医科大学,成为一个享受全额奖学金的大学生。

就这样,正如古人所说的"知耻而后勇",为了洗去耻辱,获得一种心理平衡,他发奋努力,把心从外界各种乱七八糟的事物中收了回来,全部集中到了做学问上,从而创造了一个传奇般的人生。

我们要想得到长足的进步,就必须经常反省,以便看到自己的不足之处。在个人独处的时候,放松身体,打开心门,回忆、反思一天的所作所为,检点自己有哪些缺点和不足之处。

如果无法认清自己,就容易骄傲自满,就像装满了水的容器,稍微一晃，水便会溢出来。一个人若心里装满了骄傲，便很难听取别人的忠告，吸取别人的经验，接受新的知识。长此以往，必定固步自封，或止步不前，或猝然受挫。

上古时候，一个背叛的诸侯有扈氏率兵入侵，夏禹派他的儿子伯启抵抗，结果伯启打败了。他的部下很不服气，要求继续进攻，但是伯启说："不必了，我的兵比他多，地也比他大，却被他打败了，这一定是我的德行不如他，带兵方法不如他的缘故。从今天起，我一定要努力改正过来才是。"从此以后，伯启每天很早便起床工作，粗茶淡饭，照顾百姓，任用有才干的人，尊敬有品德的人。过了一年，有扈氏知道了，不但不敢再来侵犯，反而自动投降了。

像伯启这样，肯虚心地检讨自己，马上改正有缺失的地方，那么最后的成功，舍他其谁呢？伯启的经历，与孔子的一句话很契合，孔子说："已矣乎！吾未见能见其过而内自讼者也。"孔子说："完了啊！我没有见过能看到自己过失而深切自责的人。"孔子教育学生们要"修持涵养"，也就是注重修养。而"内讼"说得简单些，就是由内心对自己进行自我审判。怎么审判呢？就是，内心进行情感与理性、天理与人欲的权衡，找出自己的缺点，时时进行自我反省。

学到一点东西就自满自足，甚至不可一世、盲目骄傲，这都是可笑且可怜的。对自己心存不满的人就像一个不断装入石子、沙子、及水的木盆，它总是放不下更多的东西，人生便在日积月累中提升。

对自己心存不满的人会随时随地地为自己充电，他们从不会因为已有的知识和成绩而感到骄傲，因为他们知道容器的容量虽然有限，心胸却可以无限扩展，他们总是会把自己摆在最低的位置，实际上却能与伟大无限接近。

人生如秤:对自己的评价称轻了容易自卑;称重了又容易自大;只有称准了,才能实事求是、恰如其分地感知自我,完善自我,对自己了然于心,知道自己能吃几碗饭,有几许价值,才能做到有自知之明。

可现实中人们常常过于自信和自重,总觉得高人一等,办事忽左忽右,不知轻重,而造成不必要的尴尬和悲剧。当然也有称轻自己的人,其往往表现为自轻和自贱,多萎靡少进取,总以为自己不如人,自惭形秽,而经常处于无限的悲苦之中。

古人云:"吾日三省吾身。"就是说,自知之明来源于自我修养和慎独。因为自省才能自制自律,自律才能自尊自重,自重才能自信自立。自尊为气节,自知为智慧,自制为修养。人具备了自知之明的胸臆和襟怀,其人格顶天立地,其行为不卑不亢,其品德上下称道,其事业左右逢源;在人生道路上,就能经常解剖自己,自勉自励,改正缺点,量知而思,量力而行,及时把握机遇,不断创造人生的辉煌。

自知之明与自知不明一字之差,两种结果。自知不明的人往往昏昏然,飘飘然,忘乎所以,看不到问题,摆不正位置,找不准人生的支点,驾驭不好人生命运之舟。自知之明关键在"明"字,对自己明察秋毫,了如指掌,因而遇事能审时度势,善于把握时机,很少有挫折感,其预期值就会更高。所以王阳明说懵懂的人,要是真的能在事物中省察,那么愚蠢也会变得聪明,柔弱也会变得刚强。

第七章

"能下人，是有志"

——放下身架，越有才华越要低调

"能下人，是有志。"

——摘自《王阳明家训》

❀ ❀ ❀

那些盛气凌人，看不起别人的人，都是没有修养的目光短浅者。一个有修养的君子，不会因为别人的地位低，或没有才干而看不起别人；其次，他们看不起别人，无非是因为别人不如他，但是未必别人以后也不如他，所以说，这是目光短浅。

一个有志向的君子，他知道自己的志向在高处、远处，即便处在比别人优胜的环境中，也会谦卑自牧，清静自守，绝不会盛气凌人。

1. 不争才是智慧

君子求退勿迟。

——《官讳经》

争与不争是两种处世的态度：争者摩拳擦掌，不争者平淡处之。关于不争，“水德”是对其最好的赞誉。在自然界的万事万物中，水利养滋润了万物，而又并不从万物那里争取任何有利于自己的东西。这种无私的表现为其赢得“以其不争，故天下莫能与之争”。

王阳明在中国哲学思想上取得惊人成就，也与其“为争而不争，天下莫能与之争”有关。年少时的王阳明满怀雄心壮志，一心追求真理，想成为圣人。然而由于他性格耿直，不愿屈从恶势力，结果招致祸殃。之后，王阳明的人生发生了一个重大的转折，他远离政治，潜心研究儒教、佛教、道家思想，他的“不争”并不是放弃眼前的一切，而是以不争今日之利争万世，不争当前之利争天下。因其“不争”，故而能静心悟道，并体悟许多以前百思不得其解的道理，进而攀登上中国哲学思想的高峰。

只有无争，才能无忧。利人就会得人，利物就会得物，利天下就能得天下，善利万民的人，如同水滋润万物而与万物无争，不求所得。所以不争，才是智慧的最高境界。做人成事也是同样的道理。

当年，楚汉相争，张良、萧何与韩信，共同辅佐刘邦夺取天下。有一次，当刘邦被项羽围困在荥阳，韩信在东边打下了齐国后，不但不来增援，反而派人来向刘邦提出要求，希望同意他自立为"假齐王"。面对韩信的"争"的无礼要求，刘邦当即大怒，想马上派兵去攻打韩信。在这个时候，身为谋士的张良在桌子底下踢了刘邦一脚，用眼神告诉刘邦，在这危急关头，不如就同意韩信立为假齐王，稳住他，以防小不忍生大变。这一脚下来，刘邦马上领悟到了"不争"的智慧，立刻改口骂道："他韩信大丈夫南征北战，出生入死，要做就做个真王，哪有做假王之理，封他为齐王！"立刻派张良带上印信，前往齐国，封韩信为齐王。韩信立刻带兵赶到，汉军兵力大增，又恢复了战斗的士气。

刘邦通过"不争"，有效地稳了军心，控制了复杂局势，使韩信断绝非分之想而帮助其大争天下，最后"天下莫能与之争"，而成开国之君。所以，不争不是无所作为、甘于堕落，不是要让人彻底断绝私心欲望，而是劝告世人要顺应大道，不要贪图眼前的小私，只有着眼于大局，才能不至因小失大。

权力场上变化无常，欲免于忧患，就应该保持一种"不争"的心情。与人无争，与世无争，看似消极避世，但实际上恰到好处的"与人无争"，是一种知晓进退规则之后的释然，也是一种不急功近利的心态。"与人无争"说到底是智慧的"退"，而"无人能与之争"则是聪明的"进"。

因而，我们在为人处世时，也应该效法天道，把我们的智慧贡献出来，不辞辛苦，不计较名利，不居功，秉承天地生生不已、长养万物万类的精神，只问耕耘，不问收获，如果能这样，则自然可达到"为争而不争，天下莫能与之争"的高境界。

2. 礼让功劳，不露锋芒得安身

古先圣人许多好处，也只是无我而已。无我自能谦，谦者众善之基，傲者众恶之魁。

——《传习录》

✿　✿　✿

当一个人名声很好时，不要自己一个人享有，分一些给他人，可以使自己远离祸害；当名誉受损的时候，不要推卸责任，要勇敢地承担，可以帮助自己韬光养德。这句话就是来自于《菜根谭》："完美名节，不宜独任，分些与人，可以远害其身；辱行污名，不宜全推，引些归己，可以韬光养德。"意思是说拥有完美名节，分些与人，无可厚非，而且还以帮助自己远离祸害。当名誉受损的时候，不宜全部推脱责任，自己承担一些，可以帮助自己韬光养德。

曾国藩曾把礼让功劳运用得游刃有余。他知道名和利不是可以自己独自享有的。

曾国藩就是一位知道礼让功劳的人，他明白要真正地赢得将士们的爱戴，名和利是最好的资本。因此，他从来不独享功劳，而总是推功于人，他说，凡是遇到名和利的事情，都要注意和别人分享。

曾国荃久攻金陵不下，但是又想独享大功，不愿意接受李鸿章的援军，曾国藩就写信开导他说：

"近日来非常担心老弟的病，初七日弟交差官带来的信以及给纪泽、纪鸿两儿的信于十一日收到，字迹有精神，有光泽，又有安静之气，言语之间也不显得急迫匆促，由此预测荃弟病体一定痊愈，因此感到很宽慰。只是金陵城相持时间很久却没有攻下，按我兄弟平日的性情，恐怕肝病越来越重。我和昌歧长谈，得知李少荃实际上有和我兄弟互相亲近，互相卫护的意思。我的意思是上奏朝廷请求准许少荃亲自带领开花炮队、洋枪队前来金陵城会同剿灭敌军。等到弟对我这封信的回信，我就一面上奏朝廷，一面给少荃去咨文一道，请他立即来金陵。"

曾国藩在此委婉向曾国荃表达了希望李鸿章能够与他一同作战，同立战功的想法。但是李鸿章一方面看到曾国荃并不想他插手金陵，同时也不愿意借此揽功，就上报朝廷，一方面上报朝廷说曾氏兄弟完全有能力攻克金陵，另一方面又派自己的弟弟去帮助攻城。

攻下金陵后，李鸿章亲自前去祝贺，曾国藩带曾国荃迎于下关，说："曾家两兄弟的脸面薄，全赖你了。"李鸿章自然谦逊一番。曾国藩一再声称，大功之成，实赖朝廷的指挥和诸官将的同心协力，至于他们曾家兄弟是仰赖天恩，得享其名，实是侥幸而来，只字不提一个"功"字。

他还上书朝廷把此次战功归于朝廷的英明和将士们，不提自己和弟弟的辛劳，谈到收复安庆之事，他也是归功于胡林翼的筹谋策划，多隆阿的艰苦战斗。在其他战役中，曾国藩也总是把赏银分给部下，把功劳归于他人并加以保举。如此一来，既得到了将士们的心，鼓舞了战士们的士气，也让朝廷对他放心，这就是中国儒家文化在曾国藩心中点亮的一盏光而不耀的心灯。

行走人生，祸福总是相伴相生。面对功劳，要懂得礼让；面对祸害，要懂得承担。王阳明在为明政府清扫四处作乱的叛军后，把功劳全部归于赏识他、为他工作扫除障碍的兵部尚书王琼。他讲求道德、气节，不在乎权势金钱，仅礼让功劳这一项就足为人们所称道。

三国时的许攸，本来是袁绍的部下，足智多谋。官渡之战时，他为袁绍出谋划策，可袁绍不听，他一怒之下投奔了曹操。曹操听说他来，没顾得上穿鞋，光着脚便出门迎接，鼓掌大笑道："足下远来，我的大事成了！"可见此时曹操对他很看重。

后来，在击败袁绍、占据冀州的战斗中，许攸又立了大功。他自恃有功，在曹操面前便开始自大起来。有时，他当着众人的面直呼曹操的小名，说道："阿瞒，要是没有我，你是得不到冀州的！"曹操在人前不好发作，只好强笑着说："是，是，你说得没错。"心中却已十分嫉恨。许攸并没有察觉，还是那么信口开河。

有一次，许攸随曹操进了邺城东门，他对身边的人自夸道："曹家要不是因为我，是不能从这个城门进进出出的！"

曹操终于忍耐不住，将他杀掉了。

许多领导最看不上那些自吹自擂的人。有一点点成绩就心高气傲、不思进取，这样的人是不会得到提拔和重用的。作为下属，不管你的功劳有多大，千万不能在众人面前太过张扬，否则你也会像许攸一样遭人摈弃。

对于每个人而言，任何一件事的成功，都不是只靠自己的能力就可以达到的，在这之中，亲朋好友或者同事、同学都贡献了自己的一份力量。王阳明之所以能够成为心学大师，是因为身边有很多支持他工作的朋友，他们可以时常交流，研讨学问；能够成为战场上的常胜将军，是因为部下对其的忠诚。所以，大家一定要时刻提醒自己，当自己取得成功，受到赞赏时，要大度地说："这个荣耀是属于大家的。"这种方式，能让周围的人对你好感倍增，他们也会更乐于为你提供帮助。这是一个良性的循环，如此下去，我们生活、学习、工作也会更加顺利，获得的成就也会更多。

3. 在低潮时进取，在高潮时退出

大抵七情所感，多只是过，少不及者。不过，便非心之本体，必须调停适中始得。

——《传习录》

❉　❉　❉

王阳明由兵部主事被贬至龙场时，生活异常艰难。为了生计，他不得不耕作种田。他深知百姓的智慧，不耻下问，询问其耕地种田之道，还咨询当地民风习俗，深受百姓的爱戴。

他在讲学的时候也如此。他授徒的最大特点就是把门人当朋友，没有训诫、没有体罚，寓教于乐，教学相长。他认同学生的智慧，从不强加自己的观点给学生。在他逝世后，明朝部分官员、门人为继续他的事业，宣传他的思想、观点主张，纪念他的功绩，缅怀他对地方对人民的善政。

民间的智慧才是大智慧，王阳明虚心向百姓求教，谦虚地与学生交谈，广纳四方意见，在学习和探讨中不断完善自己的哲学思想，这样的态度令人佩服。

《道德经》中说："故贵以贱为本，高以下为基。是以侯王自称孤、寡、不谷。此非以贱为本邪？非乎？故至誉无誉，不欲琭琭如玉，珞珞如石。"意思是说：贵要以贱为本，高要以下为根基，因此，侯王自称孤、寡、不谷，这不就是以贱为本吗？不是吗？所以最高的荣誉就是没有荣誉，作为王、侯最好不要表现自己，不要像玉那样显示它的光亮文采，宁可像石头那样朴实无华。

王、侯本是高高在上的人，但依然自称孤、寡、不谷。即使我高贵为王、侯，但我依然孤独，依然德浅才疏，因此希望百姓来帮助我，大臣来支持我。这就是处下，就是高以下为根本，贵以贱为根基。

众所周知，"水能载舟亦能覆舟"。我们把舟比喻为君王，把水比喻为百姓；舟在上位，水在下位。如果船上的高贵者经常想到船下面的水，认识到这是自己之所以能高贵、高高在上的根本和基础，常常居上思下，处尊思贱，就不会发生危险。如果忘了根本、失去了根本，那么就危险了。

我们大家比较熟悉《三国演义》，刘备就是一个特别善于"处下"的人。

刘备的身份很高贵，属于东汉远支皇族的人。他是汉室宗亲，中山靖王刘胜的后裔，被称为皇叔。虽然当时的刘备已经穷得只能靠编草席、卖草鞋勉强过日子，但是他的血统依然高贵。他这种出身很高的人，却愿意并能够"处下"，和关羽、张飞结拜成兄弟。张飞是什么人？是"卖酒屠猪"的；关羽地位也不高，而且是杀了人在江湖上避难的。刘备就能"处下"，三人在张飞家的桃园结义，于是找到了自己事业的基点。那时各地起兵镇压黄巾军，刘备也召集了一批人，想干出一番事业。刘备特别能发挥他善于"处下"的才能，不断地在"处下"中求生存，求发展。他先是投靠公孙瓒。后来他解了徐州之围，并投靠了徐州刺史陶谦（陶恭祖）。因为他善于处下，结果陶恭祖三让徐州，最后刘备做了徐州牧。

第一次，陶谦要把徐州让给刘备，很真诚地说了三条理由：一是自己年纪大了，精力不足了；二是两个儿子不肖，没有才能；三是你刘备是帝室之胄，德广才高。刘备推辞说："此事决不敢当！"刘备坚决不肯接受。关羽说："既然人家相让，兄长你就权领这州事吧！"张飞说："又不是强要他的州郡，把牌印拿来，我代你受了，不由我哥哥不肯。"可是刘备依然坚决推辞，甚至拔出宝剑，准备用自杀来表示不接受。最后刘备驻军在小沛。

第二次陶谦要把徐州让给他，刘备又坚决推辞了。

第三次陶谦病重了，临死时坚决把徐州让给刘备，最后刘备在群臣的要求下，又在徐州百姓哭拜在地的请求下，终于接受，开始管理徐州的大事。刘备在这样的一次次"处下"中获得了最广泛的民心，他当徐州牧就有了深厚的基础了。这就是他"处下"的结果。

再说徐州是陶谦让给刘备的，但是后来吕布又逼迫刘备把徐州让给他，刘备一观察形势，自己力量太小，搞不过吕布，不吃这个眼前亏，先"处下"，先咽下这口气，就把徐州让给了吕布。这是刘备的又一种"处下"。

后来刘备又投靠了曹操，他也善于"处下"。他用"处下"的方法，与曹操交往,保全自己。他知道曹操会监视他的动向,就一天到晚在菜园里种菜,让曹操知道他是无用之辈。后来大家熟悉的"青梅煮酒论英雄"这一段,更加玄乎。青梅熟了,于是曹操邀请刘备边尝青梅、边饮酒,边谈论,目的却是考察他。曹操借天气气象说龙、说英雄,要刘备说出当时谁是天下真正的英雄。刘备说遍了天下的人物,像袁术、袁绍、孙策等等,就是不说曹操,也不说自己。最后曹操用手指指刘备,又指指自己,说:"今天下英雄,惟使君与操耳!"刘备千方百计想要隐瞒起来的远大心志,自以为不为曹操所知,但是却被曹操一言说中。这一吓,吓得把筷子都掉到地上了。这时正好打雷下大雨,刘备极其"善为之下",他马上弯腰去捡筷子,用自己历来胆子小怕打雷来掩饰。结果是换来了曹操的冷笑,认为刘备的确是个无用之人,英雄难道还怕打雷吗?这就瞒过了曹操。

这里,刘备将"处下"的功夫表现得炉火纯青。处下是一种"虚怀若谷、吞吐万千"的气势风骨。处下不意味着低下,谦逊、尊贤才能得到民众的爱戴。试想,王、侯尚且如此,那么一般人更应该"处下",并时刻保持谦虚谨慎的态度。脚踏实地、虚心好学、任劳任怨,你自然容易获得周围人的信任;平易近人、尊重人、理解人、关心人,你自然广受爱戴,由高处不胜寒变为高处春意暖,到时候事业和成功自然是水到渠成。

4. 同流世俗不合污，周旋尘境不流俗

此心光明，亦复何言。

——《年谱》

✳   ✳   ✳

王阳明临死前说："此心光明，亦复何言。"回顾他的一生，少年时便立下大志，勤读诗书。初入仕途被人陷害，贬谪龙场三年，吃尽了人间苦楚，身心都大受打击，却也在此悟道，受用一生。而后频频得志，名震天下，桃李满布天下。王阳明的一生是波折与荣誉共生，他认为自己这一生不愧对百姓，不愧对国家，了无遗憾。

王阳明能够从容不迫地面对死亡，是因为他这一生并没有与恶势力同流合污，而是在辛勤地付出，为百姓和国家鞠躬尽瘁。

古语道："处治世宜方，处乱世宜圆，处叔季之世当方圆并用；待善人宜宽，待恶人宜严，待庸众之人当宽严互存。"处在太平盛世，待人接物应严正刚直，处天下纷争的乱世，待人接物应随机应变，圆融老练，处在国家行将衰亡的末世，待人接物要方圆并济，交相使用；对待善良的人，态度应当宽厚，对待邪恶的人，态度应当严厉，对待一般平民百姓，态度应当宽厚和严厉并用。

当我们处于一个污浊的环境中时，如果能保持"万花丛中过，片叶不沾身"的操守，便不必急于撇清自己与这个世界的关系。这也是

方圆之道。

所谓方圆，古人早有诸多论述。老子的理想道德是自然，是天地，天圆地方；孔子的理想道德是中庸，是适度，是不偏不倚。这种观念作用于人际，便能促成一种更加和谐的平衡。当然前提是浊世里不管外有多"圆"，都要守住内心的"方"，守住自己的道德底线。

其实，我们之所以不赞成"众人皆醉我独醒"式的清高，是因为没有一个人能够彻底摆脱这个世界，即便是浮萍，也需要一汪任其漂泊的流水，更何况没有几个人从心底里愿意做那无所束缚却也无依无靠的浮萍。

孙叔敖原来是位隐士，被人推荐给楚庄王，三个月后做了令尹（宰相）。他善于教化引导人民，因而使楚国上下和睦，国家安宁。

有位狐丘老人，很关心孙叔敖，特意登门拜访，问他："高贵的人往往有三怨，你知道吗？"

孙叔敖回问："您说的三怨是指什么呢？"

狐丘老人说："爵位高的人，别人嫉妒他；官职高的人，君王讨厌他；俸禄优厚的人，会招来怨恨。"

孙叔敖笑着说："我的爵位越高，我的心胸越谦卑；我的官职越大，我的欲望越小；我的俸禄越优厚，我对别人的施舍就越普遍。我用这样的办法来避免三怨，可以吗？"

狐丘老人感到很满意，于是走了。

孙叔敖按照自己说的做了，避免了不少麻烦，但也并非是一帆风顺，他曾几次被免职，又几次被复职。有个叫肩吾的隐士对此很不理解，就登门拜访孙叔敖，问他："你三次担任令尹，也没有显得荣耀；你三次离开令尹之位，也没有露出忧色。我开始对此感到疑惑，现在看你的气色又是如此平和，你的心里到底是怎样的呢？"

孙叔敖回答说："我哪里是有什么过人的地方啊！我认为官职爵禄的到来是不可推却的，离开是不可阻止的。得到和失去都不取决于我自己，因此才没有觉得荣耀或忧愁。况且我也不知道官职爵禄应该落在别人身上呢，还是应该落在我的身上。落在别人身上，那么我就不应该有，与我无关；落在我身上，那么别人就不应该有，与别人无关。我的追求是随顺自然，悠闲自得，哪里有工夫顾得上什么人间的贵贱呢！"肩吾对他的话很钦佩。

孔子后来听说了这件事，很有感慨地说："古代的真人，有智慧的不能使他意志动摇，美女不能使他淫乱，强盗不能劫持他，就是伏羲、黄帝也不配和他交游。死和生对于人是极大的事情了，可都不能改变他的操守，何况是官职爵位呢？像他这样的人，精神穿越大山无阻碍，潜入深渊也不会被水沾湿，处于卑微地位不会感到狼狈不堪。他的精神充满天地。他越是给予别人，自己越是感到富有。"

孙叔敖后来得了重病，临死前告诫儿子说："楚王认为我有功劳，因此多次想封赏我土地，我都没有接受。我死后，楚王为了回报我生前的功绩，一定会封给你土地，你千万不要接受富饶的土地。在楚国和越国之间，有个地方叫寝丘，这个地方土地贫瘠，而且名字很不好听。楚国人信奉鬼神，越国人讲求吉祥，都不会争夺这个地方，因此这个地方可以长久据有它。"

孙叔敖死后，楚王果然要封给他儿子一块相当好的土地，他儿子辞谢不受，只请求寝丘之地，楚王答应了他的请求。楚国的规定，分封的土地不许传给下一代，惟有孙叔敖儿子的封地可以世代相传。

孙叔敖没有被免职和复职的风波扰乱心绪，而是保持物来则应，物去不留的淡然心境。为人处世,我们确实需要一颗方正的心。有圆无方,则谓之太柔,太柔之人缺筋骨,乏魄力,少大志,在生活中难以有大作为;但若有方无圆,则性情太刚,太刚则易折。

"众人皆浊我独清,众人皆醉我独醒"自有其清高自傲,但很多时候只能换来屈原式的含恨离世或文人式的抑郁不得志。与之相较,同流世俗不合污、周旋尘境不流俗或许才是更加明智的选择,这也是王阳明的处世之道。

在现实生活中经常愤世嫉俗,牢骚满腹,自命不凡却又处处碰壁,遇挫折缺少变通,很容易歇斯底里、自暴自弃,把自己推向极端。所以,方圆结合才是处世之道,只要保持了内心的高贵与正直,外在的束缚有时候反而不是那么重要。

5. 心狭为祸之根,心旷为福之门

如今于凡忿懥等件,只是个物来顺应,不要着一分意思,便心体廓然大公,得其本体之正了。

——《传习录》

✳ ✳ ✳

心狭为祸之根,心旷为福之门。心胸狭隘的人,只会将自己局限在狭小的空间里,郁郁寡欢;而心胸宽广的人,其世界会比别人的更加开阔。

《传习录》中记载，有人就"有所忿怒"一说向王阳明请教。

王阳明先生回答说："忿怒之类的偏颇情绪，人心之中怎么会没有呢？只是不应当过度而已。平常人在动怒时，控制不住感情，便会怒得过了度，就不是廓然大公的本体了。所以心有所愤慨，便不能做到端正。如今对于忿怒这些不良情绪，它们来了，不要过分加自己的主观愿望在上面，只是个顺其自然，心境自然不偏不倚、廓然大公，从而能够中正待物。比如在外面看到有人互相斗殴，对于他们不正确的地方，我心中也会动怒。不过虽然动怒，此心却仍然冷静清明，不会失去理智。如今对别人生气时，也必须如此行事，这样才能保持心体中正。"

心胸狭隘的人，往往放不下对曾经伤害过自己的人的怨恨。在生活中，很多人都因为情感纠葛、诽谤中伤或竞争对手的打击而深受伤害，心中的伤口久久不能愈合，耿耿于怀地痛恨着那些伤害过自己的人。其实，怨恨是一种极为被动的感情，不仅不能缓解心中的伤痛，大多数情况下也不能对对方形成影响，仅有的用处，便是伤害自己、折磨自己。怨恨就像一个不断扩大的肿瘤，挤压着生活中的快乐神经，使人们失去欢笑，整日愁容，最终只能为怨恨付出巨大的代价。

苏不韦是东汉人，他的父亲做司隶校尉时得罪了同僚李暠皓，被李暠借机判了死刑。当时，苏不韦年仅18岁，他把父亲的灵柩草草下葬后，又把母亲隐匿起来，自己改名换姓，用家财招募刺客，发誓复仇,但几次行刺都没有成功,这期间李暠反而青云直上,最后官至大司农。

苏不韦就和人暗中在大司农官署的北墙下开始挖洞,夜里挖,白天躲藏起来,干了一个多月,终于把洞挖到了李暠的卧室下。一天,苏不韦从李暠的床底下冲了出来,不巧李皓上厕所出去了,于是杀了他的小儿子和妾,留下一封信便离去了。李暠回屋后大吃一惊,吓得在室内设置了许多荆棘,晚上也不敢安睡。苏不韦知道李暠已有准备,杀死他已不可能,就挖了李家的坟,取了李暠父亲的头拿到集市上去示众。李暠听说此事后,心如刀绞,心里又气又恨,没过多久就吐血而死。

李暠因一点人个私怨就将人置于死地,结果不仅给自己招来杀身之祸,连老婆、孩子都跟着倒霉,甚至连死去的父亲也未能幸免;而苏不韦从十八岁开始就谋划复仇,此外什么也没有做成,这两个人共同的缺陷就是没有一个宽大的心胸。人有时候如果能宽容一点,一笑泯千仇,将干戈化为玉帛,不但能为自己免去毁灭性的灾难,还可以放下心灵的包袱,让自己变得轻松,而生活也能变得更加幸福祥和。

心胸狭隘会给人带来无穷祸患,而心胸宽广则能解决人与人之间的纷争,慰藉心灵。无论是为了个人的身心健康,还是为了在纷繁复杂的现代社会中争取到发展的机会,都应该以宽广的胸怀待人处世。只有时刻保持宽广的胸怀,心存一份豁达,才能放下怨恨,重拾笑颜;才能感受到他人对自己的尊重,共同进步。也许在你不经意的时候,心中的豁达就能为你带来意想不到的收获。

赵王有个卫兵,名叫少室周。少室周力大无比,在一次比武会上,有五个士兵摔打少室周一人,都被少室周摔倒在地。少室周因此得到赵王的赏识并被任命为贴身卫兵。

没过多久,一个叫徐子的人找上门要与少室周比试摔跤。摔跤的结果是,少室周连输三回。

少室周满面羞愧地将徐子带到赵王跟前,对赵王说:"请您用他当您的卫兵吧。"

赵王很奇怪,问道:"先生的勇武名震四方,很多人都想取代你,为什么你要推荐他呢,我并没有这样要求你呀?"

少室周回答道:"您当年看我力气大,才让我当卫兵,如今,有了比我力气大的人,如果我不推荐他,天下好汉会嘲笑我的。"

赵王很钦佩少室周的胸怀宽广,最后让他们两人都当了自己的贴身保卫。

豁达是一种修养,也是衡量一个人层次高低的标准。正所谓"牢骚太盛防断肠,风物长宜放眼量",如果我们凡事都喜欢斤斤计较,终日锱铢必较,久而久之不但心胸会变得狭窄,而且往往会对别人产生嫉妒和愤恨,对于身心都是一种莫大的伤害。

只有敞开胸怀,才不会被俗世尘埃所扰,才能安心地关注当下,保证身心的纯净。只有做到待人处世不胡乱猜忌,面对摩擦和误会能放下心中的愤恨,心胸宽广坦荡,不以世俗荣辱为念,不为世俗荣辱所累,不为凡尘琐事所扰,不为痛苦烦闷所惊,才能包容万物、容纳太虚,才能获得轻松潇洒、舒心自在。

心有多大,世界就有多大。王阳明讲,不要着一分意思,就是要开阔胸怀。在他看来这是一种宠辱不惊,闲看庭前花开花落的人生态度;是一种骤然临之而不惊,无故加之而不怒的智慧和淡定。天地何其宽,拥有宽广的胸怀,我们便能在其中自由地翱翔。

因此,普通人若能学会抛开杂念,使内心纯净空明,那么,即便才能有高下之分,也同样可以成为圣人。

6. 累卑为高,集思广益

今日所急,唯在培养君德,端其志向。于此有立,政不足间,人不足谪,是谓一正君而国定。

——王阳明

✻   ✻   ✻

在王阳明看来,要治理好一个国家,君王必须养德,端正其治国的态度。当一个君王以善养德,治理国家就不会有什么过失,就不会遭受人民的责备,天下也就安定了。王阳明还认为,君子养德,必须要善于听取下属的意见,博取众之所长来做决策。否则,就可能因为刚愎自用而走向灭亡。

西楚霸王会败给刘邦,就是因为他刚愎自用,难听谋臣的意见,使得谋臣先后离自己而去;而刘邦却能听取手下人的意见,即使在非常暴躁的时候,也能静下心来,认真听取下属的意见,因而能够网罗天下人才为己所用,最终建立西汉王朝。

每个人都不是完人，并非所有的事情都会明白，也不是所有的事情都能够做到尽善尽美。身为管理者更不能只用自己的眼睛去看、用自己的耳朵去听、用自己的头脑去考虑事情，而要多多听取他人的意见，善于采纳下属的建议，博采众家之长，这样才能避免做出有失偏颇的决策。古往今来，成功的管理者都非常重视听取下属的意见。

楚襄王还是太子时曾到齐国做人质，他回国的条件是献地五百里给齐国。当他回国当上楚王后，齐国便派人前来索要土地。虽然自己曾亲口答应，但这明显是乘人之危，楚襄王不想给，就问慎子该怎么办。慎子说："明天早朝，大王叫群臣献计。"

第二天早朝的时候，几位大臣都提出了各自的主张。

子良说："不能不给。大王金口玉言，答应的又是强大的齐国，要是不给，别人会说大王不守信用，以后大王在诸侯中就不好说话了。不如先给他们，之后再夺回来。给他们是守信用，夺回来可显示我们的武力，所以我主张给。"

昭常说："不能给。君主不能嫌土地广大，而且五百里占去楚国一半。这样，君主虽名为大王，若失去了五百里国土，实际上成了小地方官了，坚决不能给，昭常愿带兵去东地坚守！"

大臣景鲤则说："不能给呀！虽然是不能给，但仅靠我们楚国的力量又不能守住；大王既然答应了又不兑现，必然背上不义的名声。我们既输了理，又不能独自守住，所以我建议向秦国求救。"

三个人说得都有道理，襄王不知该怎么办，就问慎子："您说我该采用谁的计策呢？"慎子想了想说："全部采用。"襄王不解，慎子说："按照他们的主意做，大王就可以收到像他们预见的效果。大王可派子良率车五十乘,向齐国履行献地手续。第二天您可派昭常大司马,带兵前往东地驻守。再过两天,您再派景鲤求救于秦。"襄王听了茅塞顿开,一切就按慎子所说的去做。

子良到齐国交付手续,齐国人就同子良一同到楚国东地接收,昭常立即带兵抵抗,并说:"我租用主上土地,将生死与共!"齐国人就问子良是怎么回事,子良回答说:"我是受楚王命令这样做,而昭常不把楚王与齐王放在眼里,你们发兵进攻吧!"

齐王大怒,立即组织军队,大举讨伐昭常。齐王的军队还没有开出国境,秦国五十万大军已逼近齐国边境,秦国指责齐王说:"你们扣押楚太子不让他回国继位,这是不仁;接着又要夺人五百里国土,这是不义。如果你们把刀兵收起来那就没事了,如果你们动手,那我们也等着了。"齐王害怕了,就请子良回国,又派人去秦国谈和。这样,楚国不动刀枪,就使得东地五百里得以保全。

楚襄王听取了三个人的意见,之后又经过慎子的整合,使得楚国在此事的处理上收到了最好的效果。在这个过程中,子良、昭常和景鲤的意见缺一不可,慎子的独到眼光也极为重要,试想如果楚襄王忽略了其中任何一个人的意见,楚国的五百里土地可能就无法保全了。

管理者应该明白:一个人的能力总是有限的,一个人对某一事物的了解也不可能是全面的,虽然不至于像盲人摸象一般,但也只不过是看到了事物的皮毛而已。因而,管理者需要听取尽可能多的意见,不能只选择自己愿意听的,而无视那些与自己内心旋律不同的声音。拿掉挡在耳朵上的挡板,听取众人的意见,才能看到一个更加真实的世界。

唐太宗非常喜欢魏征所说的"兼听则明，偏信则暗"这句话，他时常对大臣们说："自古以来帝王恼怒就随便杀人，我总是提醒自己以此为戒。为了国家，请你们经常指出我的过错，我一定接受。"

唐太宗不但这样说，在实际上也的确知错就改。有一次，唐太宗出行至洛阳，由于地方供应的东西不好而发火，魏征当即劝谏道："隋炀帝为追求享乐，到处巡游，使得民不聊生，以至灭亡。今圣上得天下，应当接受教训，躬行节约，怎能因此就发脾气呢？如果上行下效，那将成什么样子？"唐太宗虚心接受了他的批评。

又一年，陕西、河南发大水，不少地区遭灾，唐太宗却执意要建飞龙宫。魏征上书反对说："隋炀帝大修行宫台榭，徭役无时，把人民逼上绝境，最后招致灭亡，皇上要引以为戒。如果重复隋炀帝的做法，还会重蹈隋亡的覆辙。"最后终于说服唐太宗停建了这项工程，并把备用的木料送到灾区救济灾民。

还有一次，唐太宗要修洛阳宫，河南陕县县丞皇甫德参上书反对说："修洛阳宫，是劳民之举；收取地租，是重敛于民；连天下妇女时兴高髻，是从皇宫里传出来的。"唐太宗看了奏章勃然大怒，说："这人是想让国家不役使一个人，不收一斗租，宫里的女人都变成秃子，他才会满意！"魏征连忙解释说："人臣上书，言辞不激烈不足以引起圣上的重视，言辞激烈又近于诽谤，希望陛下能够理解。"唐太宗听了，怒气顿息，派人赏赐了皇甫德参。

由于唐太宗能听大臣的劝谏，勇敢地认识并改正自己的过错，因此带来了"贞观盛世"。人皆有过，关键在于犯错之后的态度，君子由于知错必改，所以仍旧可以得到人们的仰慕，周围的人依然归服他、效法他。

如果管理者能善于听取下属各方面的意见和建议，下属就会认为自己的领导是一个虚心纳谏、平易近人的好领导，这样管理者在下属心目中的形象就随之上升了；反之，如果不给下属发表意见的机会，他们就会觉得自己不被重视。久而久之，一方面，下属的工作常带有依赖性，缺乏创造性，对事业的发展不利；另一方面，一旦产生矛盾，就会趋于集中，使管理者在下属心目中的形象受损，损害团队的和谐。

第八章

"能容人，是大器"

——宽怀为本，己所不欲勿施于人

"能容人，是大器。"

——摘自《王阳明家训》

❀ ❀ ❀

海纳百川，有容乃大。王旦是宋代的宰相。一天，宋真宗向王旦"告密"说"卿虽称其美，彼专谈卿恶"，意思是，你虽然总说寇准好，寇准却专门说你坏。王旦听后，也不生气，笑着说："按道理应当这样啊。我任宰相时间久，处理的政事多，缺失也必然多。寇准对您从不隐瞒，可见他忠诚直率，这也是我最敬重他的地方。"

一次，中书省的文件送到枢密院，因为文件不合格式，寇准阅后，便报告了宋真宗，王旦因此受责。不出一个月，枢密院的文件送到中书省，也有不合格式的地方，秘书觉得正好以牙还牙，高兴地把它呈给王旦;王旦却让秘书把文件送还枢密院,让寇准修改后再送来。寇准想起自己的做法,不禁汗颜。

1. 待人处世,忍让为先

一起一伏,一进一退,自是工夫节次。

——《传习录》

❋　❋　❋

在明德正德年间,朱宸濠起兵反抗朝廷。王阳明率兵征伐,一举擒获了朱宸濠,为朝廷立了大功。但是当时受到正德皇帝宠信的江彬十分嫉妒王阳明的功绩,以为他夺走了自己建功立业的机会,于是就四处散布流言:"最初王阳明和朱宸濠是同党,后来听说朝廷派兵征伐,才抓住朱宸濠自我解脱。"

王阳明听到这个消息之后,就与总督张永商议道:"如果退让一步,把擒获朱宸濠的功劳让出去,就可以避免不必要的麻烦。假如坚持下去,不作妥协,江彬等人很可能狗急跳墙,做出伤天害理的勾当。"为此,他将朱宸濠交给张永,使之重新报告皇帝:擒获了朱宸濠,是总督军门和士兵的功劳。如此一来,江彬等人也就无话可说了。

王阳明称病到净慈寺修养。张永回到朝廷之后,大力称颂王阳明的忠诚和让功避祸的高尚之举,正德皇帝终于明白了事情的始末,就免除了对王阳明的处罚。王阳明以退让的方法，避免了飞来的横祸。

就现实社会的生活而言，努力进取、坚持不懈的行为无疑是值得肯定的。然而，在复杂的人生道路上，既需要勇敢拼搏，也需要有为有守。退让不仅是一种机智，也是一种坚忍的毅力和顽强的意志。瞬间的忍耐，将使狭隘的人生之路变得无限广阔。

唐朝娄师德性格稳重，很有度量。他弟弟当上代州刺史，临行向他告别，并征询他的建议。娄师德对弟弟说："我现在辅助丞相，你现在又承皇上厚爱，得以任州官，我们真是受皇上的宠幸太多了。而这正是别人所嫉妒的，你如何对待这些妒忌以求自免家祸呢？"娄师德弟弟说："自今以后，若有人朝我脸上吐唾沫，我自己擦去唾沫，绝不叫你为我担忧。"娄师德说："这正是我所担忧的地方。别人向你吐唾沫，是对你恼怒，如果你将唾沫擦去，那岂不是违反了吐唾沫人的意愿吗？别人会因此而增加他的愤怒。不要擦去唾沫，应当让它自己干了，笑着去接受它。"

任唾沫自干，笑着忍耐接受，娄师德想要告诉我们的无非是"忍一时风平浪静，退一步海阔天空"的道理。能够将别人的愤怒化为无形是很不容易的事情，能够称赞挖苦你的人，那真令人敬佩；能够用智慧、品行战胜狭隘的嫉妒，可以说更是很了不起的本事了。如果一个人平常为人在语言上肯吃点亏，让人一句，在事情上留有余地，肯让人一步，也许收获就能更大。

对于隐忍退让，王阳明也曾说过，起伏、退让都是功夫。就像海上波浪一样，有起有伏，人生际遇有进也必然有退。

人有形形色色,事有千变万化。在现实生活中,常常遇到不如意的事,如不能处之泰然,就很容易引起心理上的不平衡,并进一步导致身体上和精神上的疾病。为了保持心理上的平衡,必须学会自己欣赏自己;对他人期望不要过高,以免因对方达不到自己的要求而感到失望。要及时疏导自己的愤怒情绪。在情绪不佳的时候无须过分坚持,必要时应作出适当的让步。暂时回避,等情绪稳定后再重新面对。不要处处与人竞争,对人多存善念,心境自然会变得平衡。

更多时候,有限的退让是一种自保的策略,更是一种为人处世必备的心理素质。因为只有退让才能换来更大的生存空间、发展空间;只有退让才能换来以后更长足的进步、更辉煌的前程。

万一跟人有了争执,一定要这么想:"忍一忍风平浪静,退一步海阔天空。"

2. 气量大一点,生活才能祥和

"其后谪官龙场,居夷处困,动心忍性之余,恍若有悟。"

——《阳明全集·龙场悟道》

❋ ✳ ❋

王阳明自言被贬谪龙场后,居住蛮夷之地,处境贫困之极,但是因为自己的"动心忍性",最终有所领悟。那时候的王阳明初入官场,胸怀大志却被奸臣刘瑾暗算，贬谪到贵州，甚至险些在路上遭到杀害。但他还是忍下了这口气，巧妙地躲过了暗杀，走马上任。也正是因为隐忍，暂时打消了刘瑾的疑心，保住了性命；更因为他暂时的隐忍，才有了后来的"龙场悟道"，从此创立了心学。

王阳明虽被贬，心中志向受阻，但他仍然不急不躁，不仅避免了杀身之祸，还成就了自己的前途。在现实生活中，性格急躁、粗心大意的人，难以办成大事；性情温和、内心安详的人，必然万事顺意。不掌握自己命运的人，必定要被命运捉弄。

古时，有位妇人，特别喜欢为一些琐碎的小事生气。她也知道这样不好，便去求一位高僧为自己谈禅说道开阔心胸。高僧听了她的讲述，一言不发，把她领到一座禅房中，上锁而去。

妇人气得跳脚大骂，骂了许久，高僧也不理会。妇人转而开始哀求，高僧仍置若罔闻。妇人终于沉默了。高僧来到门外，问她："你还生气吗？"

妇人说："我只为我自己生气。我怎么会到这个地方来受罪。"

"连自己都不能原谅的人，怎么能心如止水？"高僧拂袖而去。

过了一会儿，高僧又问她："还生气吗？""不生气了。"妇人说。

"为什么？""生气也没有办法呀！"

"你的气并未消逝，还压在心里，爆发后，将会更加剧烈。"高僧又离开了。

高僧第三次来到门前，妇人告诉他："我不生气了，因为不值得生气。"

"还知道值不值得，可见心中还有衡量的标准，还是有'气根'。"高僧笑道。

当高僧的身影迎着夕阳立在门外时，妇人问他："大师，什么是气?"高僧将手中的茶水倾洒到地上。

妇人看了一会儿，突然有所感悟，于是，她叩谢而去。

妇人问"什么是气"。高人想说的是：生气，其实是一种需要上的失落。当我们容许别人来掌控自己的情绪时，本身就已经成为了一个受害者；当对发生的现况无能为力的时候，抱怨与愤怒便成了唯一释放的选择。生气就是在用别人的过错来惩罚自己。既然如此，又何必生气呢?

莫生气，因为生气伤身又伤神。每个人都有自己的情绪，要学会控制，否则，有些过分的语言和行为，会误事更会伤人。要做大事，要成大事，关键在于一个"忍"字。人常说，忍字头上一把刀。忍是痛苦的，但是"忍"字也有一颗心。如果多一些容忍，不管是包容别人的人，还是被包容的人都会获得身心的愉悦。

一位住在山中茅屋修行的禅师，有一天趁夜色到林中散步，在皎洁的月光下，突然开悟。他喜悦地走回住处，看见自己的茅屋正遭小偷光顾。找不到任何财物的小偷要离开的时候在门口遇见了禅师。原来，禅师怕惊动小偷，一直站在门口等待。他知道小偷一定找不到任何值钱的东西，所以早就把自己的外衣脱下拿在手上。

小偷遇见禅师，正感到惊愕的时候，禅师说："你走老远的山路来探望我，总不能让你空手而回呀！夜凉了，你带着这件衣服走吧！"

说着，就把衣服披在小偷身上，小偷不知所措，低着头溜走了。

禅师看着小偷的背影消失在山林之中，不禁感慨地说："可怜的人呀！但愿我能送一轮明月给他。"

禅师目送小偷走了以后，回到茅屋赤身打坐，他看着窗外的明月，进入空境。

第二天，他在极深的禅室里睁开眼睛，看到他披在小偷身上的外衣被整齐地叠好，放在门口。禅师非常高兴，喃喃地说："我终于送了他一轮明月！"

面对偷窃的盗贼，禅师既没有责骂，也没有报官，而是以宽容的心胸原谅了他，禅师的宽容和原谅也终于换得了小偷的醒悟。

生活中如果没有宽容，会使人处处碰壁，寸步难行。没有宽容，会使人像过街老鼠，处处挨打。因为一个人是生活在社会之中的，要和许多人打交道，因此不可能一切都遂意，不可能让整个世界都随着你，顺着你。我们要学会宽容，要用宽阔的心胸去包容一切违逆和挫折，更要以宽阔的心胸去理解他人的误会和偏见。如果你宽容他人，你也会得到他人的宽容。胸襟豁达，宽恕别人，对于改善人际关系和身心健康都是大有裨益的。

一个人能从大处着眼，或暂时抛弃个人的利益，这恰恰是心胸宽广、思想境界较高的表现，是人际交往中的积极因素。懂得宽容的人，总是使一些猜忌和误会消失于无形，由此避免许多无谓的冲突和不良的后果。他们能使自己心性平静、神采安逸。他们不会因为自己的个人得失而心潮起伏，也不会因为蝇头小利而斤斤计较，更不会为了鸡毛蒜皮之事而争得你死我活、脸红脖子粗。他们目光远大，心胸开阔，善明事理，勇于开拓，追求的是永恒的春天、快乐的人生。

明朝初期，宋儒理学占有统治地位，王阳明的学说问世后刮起一股新风，开辟了儒学新的局面，但是也遭到了不少学者的异议。如同朝为官的吴廷翰就"知行"的问题对王阳明的学说进行了批判。他认为,人所认识的是外界的客观存在,强调感性的知和行在认识中的作用,也就是说,知与物是对应的,"不可求知于物之外","言知之物,乃知之着实处",假如离开了外界事物,则只有"空知",失去了认识的对象和来源等。

王阳明对于他人的批判、指责,并没有表现出多么不满,而是包容大度,他认为这是学术发展的正常现象。我们暂且不说学术上的对与错,只看王阳明的包容之心。

生活中有些事物或许你永远不会习惯,但这样的日子你还得一天一天地过下去,所以你必须学会让自己的气量大一些。没有能力改变现实,那么你就必须忍耐、适应,等一切都过去了,剩下的就是美好的了。

3. 利他则利己

"夫到有本而学有要,是非之辩精矣,义利之间微矣。"

——《悟真录》

❊　❊　❊

王阳明很注重个体的社会责任,个体作为社会的存在,同万事万物共存的关系,这个观念便具体化为以仁道的原则对待一切社会成员并真诚地关心、友爱他人。他那看似不容于世,其实又处于俗世的一生，始终都坚持着通过仁爱来显现内心的良知，即便抱负冤屈，坎坷一生也是如此。

利他方能自利，害人实际是在害自己。敬人者，人敬之；爱人者，人爱之；损人者，人损之；欺人者，人欺之。所以，我们应该做到自利利他，不可损人利己。我们每一个人都有两只手和两只脚，这本来就是为劳动而准备的，倘若我们不将它们用来劳动，不但让双手双脚发挥不了作用，而且对身体也没有任何好处。换句话说，倘若常常劳动，身体必定健康。这样对双手双脚有利的同时也对身体有利，可谓一举两得。而在王阳明看来，义与利之间的差别很小，也就是说，如果能做"义"事，对他人有益，自己也一定能获得利益。

在远古的时候，上帝在创造着人类。

随着人类的增多，上帝开始担忧，他怕人类的不团结，会造成世界大乱，从而影响了他们稳定的生活。

为了检验人类之间是否具备团结协作、互助互帮的意识，上帝做了一个试验：

他把人类分为两批，在每批人的面前都放了一大堆可口美味的食物，但是，却给每个人发了一双细长的筷子，要求他们在规定的时间内，把桌上的食物全部吃完，并不许有任何的浪费。

比赛开始了。

第一批人各自为政，只顾拼命的用筷子夹取食物往自己的嘴里送，但因筷子太长，总是无法够到自己的嘴，而且因为你争我抢，造成了食物极大的浪费。

上帝看到此，摇了摇头，为此感到失望。

轮到第二批人类开始了。

他们一上来并没有急着要用筷子往自己的嘴里送食物,而是大家一起围坐成了一个圆圈,先用自己的筷子夹取食物送到坐在自己对面人的嘴里,然后,由坐在自己对面的人用筷子夹取食物送到自己的嘴里。就这样,每个人都在规定时间内吃到了整桌的食物,并丝毫没有造成浪费。

第二批人不仅仅享受了美味,还从此获得了更多彼此的信任和好感。

上帝看了,点了点头,为此感到欣慰。

但世界总是不完美的,于是,上帝为第一批人类的背后贴上五个字,叫利己不利人;而在第二批人的背后贴上另外五个字,叫利人又利己!

利己是人与生俱来的本性,它归根结底源自生存的需要。但人是生活在群体之中的,单方的利己行不通,互相帮助更有利,帮助别人是帮助自己,于是产生了群体中利他的行为准则。

雍正年间,京城里有一家规模很大的药店。这家药店制药选药特别地道,连雍正皇帝也很相信他们的药,让他们承揽为"御膳房"供应药品的全部生意。

有一年,恰逢科举考试,会试正是三月,称为"春闱"。前一年冬天没下多少雪,一开春气候反常,疫病流行,赶考举子病倒很多。即使还能够支撑的,也多是胃口不开,精神萎靡。当时,科场号舍极其狭小,坐下去伸不直双腿,而且,一连三场考试不能离开,体格稍差的就支持不住,何况精神不爽的人?

这家药店抓紧配制一种专用药,托内务府大臣奏报雍正皇帝,愿意将此药奉送每一个入闱举子,让他们带入闱中,以备不时之需。

雍正皇帝听说此事,大为嘉许。这家药店派专人守在贡院门口,赶考举子入闱之时,不等他们开口,就在他们考篮里放上一包药。这些药的包装纸印得十分讲究,上有"奉旨"字样,而且随药包另附一张纸,把自己有名的丸散膏丹都印在上面。

结果,一边是因为这家药店药好,一边也是这些赶考举子运气好,这一年入闱举子中,因病退场的人大大减少。

这一来,举子们不管中与不中,从此都上这家药店买药。更重要的是,来自各省的举子们把这家药店的名声传扬各地,远至云南、贵州都知道京城这家店。这家药店的生意很快兴隆起来。

只是用了很少的本钱,却换来了大生意。这家药店能够赢得这么大的成功,就是因为懂得利他方能自利的原则。

一个人活在世上,虽然不能做到利人不利己,最好要从利己想到利人,所谓"自利利他"。利己与利他并不总是处于对立的位置,很多时候,二者完全可以统一起来。人都有利己的一面,这是由于每一个生命个体都有自己生存的各种各样的需求,人的一切行为都是为了满足自身的需要,动机为利己。在利己的意识驱动下,人做出了种种行为,而这种行为的客观结果应该同时能够利他。

如果我们每一个人都能做到利他,那么我们每个人也会得到自利,这便是所谓的"我为人人,人人为我"。因为我们在别人眼中也是"他",对别人来说是利他,对自己来说就是利己。如果人人都不管"他人",而只顾自己,那么我们自己就成了人人都不管的"他人",而只有自己去关心自己。然而,在这个群体共生互助依存的社会上,只靠自己关心自己是远远不够的,一个人的能力是有限的,需要借助他人的力量。因此,对于我们每一个人而言,利他方能利己,用一颗利他的心去对待他人才是生存之道。

4. 朋友相处，常看自己不足

朋友相处，常见自家不是，方能点化得人之不是。善者固吾师，不善者亦吾师。且如见人多言，吾便自省亦多言否？见人好高，吾自省亦好高否？此便是相观而善，处处得益。

——王阳明

❋　❋　❋

金无足赤，人无完人。再完美的人也有一些缺点，这本是人之常情。但是，有些人偏偏只喜欢盯着别人的缺点，一经发现，立马大肆宣传，唯恐天下不知。这样不仅伤害了别人，也伤害了自己，人际关系会弄得一团糟。如果眼睛里只有别人的缺点，那么就会看不到别人的优点和自己的缺点。所以，请在想要指责别人的时候，多想想别人的优点和自己的缺点，那样，事情的结果就会大不一样，我们也会修得"好人缘"。

王阳明也经常批评眼睛只盯着别人的缺点的这种做法，他曾经说过："学须反己。若徒责人，只见得人不是，不见自己非。若能反己，方见自己有许多未尽处，奚暇责人？"这句话的意思是：做学问应该常常反躬自省。如果光知道一味指责别人，眼睛就会只盯着别人的缺点，看不到自己的缺点。如果能够反省自己，就会发现自己原来还有许多做得不够的地方，哪里还有时间去指责别人？举个例子来说，孔子的弟子曾子就要求自己每日三省其身，时时寻找自己的缺点，不断完善自己的品行，最终成为了一位贤人。

在王阳明看来，人之所以喜欢指责别人，是因为不注重反省自身。如果我们每个人都能够做到"吾日三省吾身"，我们就会发现自身存在的许多问题，这样就会忙于改正缺点、提高自我了，自然无暇去指责别人。所以，当我们发现别人的错误的时候，不要急于去指责，而应反省一下自己，是不是也在不知不觉中犯着同样的错误？或者，是不是别人根本就没有出错，出错的是我们的眼光？

苏轼和王安石是北宋著名的文人，两人在诗词歌赋上的造诣都很高，而且又同朝为官，按理说两人的关系应该不错。但是由于他们的政见不合，因此经常互相打击，关系处得非常差。有一天，苏轼因为一件政事去拜访宰相王安石。王安石当时正在书房写诗《咏菊》，听说苏轼来了，便进了内帐换衣服。

苏轼来到书房，看到了王安石未写完的诗，只有两句：昨夜西风过园林，吹落黄花满地金。苏轼看了后，很是鄙视王安石，他暗自思忖："西风"就是秋风，"黄花"就是菊花，众所周知，菊花开在深秋，耐寒，敢与秋霜斗，怎么会轻易被秋风吹落一地呢？王安石堂堂一介宰相，竟会犯这样低级的错误，这让苏轼很不爽，他恃才傲物的脾气一上来，就在这两句诗的后面续了两句：秋花不比春花落，说与诗人仔细吟。

苏轼写完这两句诗后就自顾自地走了，也忘了拜访王安石这件事了。王安石看到苏轼的诗句讽刺他没有眼界，又不辞而别，当然也很生气，但当苏轼受累于"乌台诗案"时，已退居金陵的王安石还是上书皇帝请求留苏轼一命。最终在群臣的努力下，苏轼被发放黄州任团练副使。

苏轼被贬到黄州后，认为这是王安石的肚量小，只因为自己指出了他的错误，便挟私报复，因此常常生闷气。深秋的一天，急风过后，苏轼去后花园散步。他来到后花园一看，顿时目瞪口呆，只见满地铺满了菊花的花片，一片金黄。这时，他不由得想起了王安石那两句诗，恍然大悟，不禁感慨万分地对身边人说："之前我被贬到黄州，还以为是宰相恨我揭了他的短处，公报私仇，谁知这不是宰相之错，而是我错了。"

苏轼自己的见识狭窄，却没有意识到，反而批评王安石的诗句，这正是他恃才傲物的性格在作祟。当他自负到这种程度的时候，别人所做的一切，他都看作是别人有问题，从来不去反思自身。不过苏轼的过人之处在于，当他发现自己有问题时，能够及时改正，而不是像普通人一样，遮遮掩掩，一错再错。所以，从苏轼的故事中，我们应该得到一个教训：凡事要谦虚谨慎，千万不可自恃聪明，随便讥笑别人。

德国大哲学家莱布尼茨曾经说过："世界上没有两片完全相同的树叶，世界上没有性格完全相同的人。"所以，我们不应该以自己的标准去衡量别人、指责别人，这样非但不能显示自己有多高明，反而会显得自己乏味，尤其是像苏轼一样，自己的标准本身就有问题，那就是一个非常大的笑话了。

每个人都有尊严，都希望受到别人的肯定，排斥别人的指责。当我们发现自身存在错误的时候，我们也想去改正它，但是这时候别人却对着我们的错误大肆指责，我们是接受指责呢，还是反击指责呢？这时候能够坦然接受指责的，都是修养高深的圣贤之士，普通人的正常反应，肯定是反击指责，因为这种指责是不尊重我们的做法。将心比心,我们有自尊,别人也有,所以不要轻易指责别人,尤其是在不了解情况的前提下。

指责他人,解决不了问题,反而会使情况变得更糟。这时候不如尝试着去包容他人,你会发现别人的优点,也能获得一份好心情,同时自己的修养也在不知不觉中提升了。

5. 将心比心,推己及人

"亲民"犹如《孟子》中的"亲亲仁民",亲近就是仁爱。

——《传习录》

✻　✻　✻

《论语》说:"仁者,爱人。"仁爱就是人性中应该有的朴素和美丽。在王阳明看来,仁爱也是人性中的"善",王阳明一生中无论是被贬龙场还是平叛,他始终和百姓保持着亲密的联系,以仁爱之心对待百姓。

仁爱思想讲究付出、不计回报,提倡扶危济困、尊老爱幼。自古以来受到儒家仁爱思想影响的先贤不计其数,他们的仁爱之道常能达到推己及人的程度。

诗人屈原,还在幼年时就怀有悲天悯人的情怀。

当时正逢连年饥荒,屈原家乡的百姓们吃不饱穿不暖,时有沿街乞讨、啃树皮、食埃土者,幼小的屈原见之不禁伤心落泪。

一天,屈原家门前的大石头缝里突然流出了雪白的大米,百姓们见状,纷纷拿来碗瓢、布袋接米,将米背回家。不久,屈原的父亲便发现家中粮仓里的大米越来越少,他感到很奇怪。有一天夜里,他发现屈原正从粮仓里往外背米,便将屈原叫住,一问才知道原来是屈原把家里的米灌进了石缝里。乡亲们知道了真相都很感动,连连夸赞屈原。

父亲没有责备屈原,只是对他说:"咱家的米救不了多少穷人,如果你长大后做官,把地方管理好,天下的穷人不就有饭吃了吗?"自此屈原勤奋学习。成人后,楚王得知他很有才能,便召他为官,管理国家大事。他为国为民尽心尽力,为后世所称颂。

屈原的这份朴素和美丽发源于心,由内而外,是人性中最质朴而绵长的一种情怀。"仁"是儒家学说中最重要的一个概念。在儒学鼻祖孔子的眼里,无论是"好仁者"还是"恶不仁者"其实都有一颗仁爱的心,人性本善的另一层意思就是人性本仁。而"己所不欲勿施于人"也是一种仁爱的表现。如果我们给别人东西,最好想想对方或自己到底想不想要,如果自己都不想要,那么最好还是把这个东西拿回去。

每个人在社会上都不是孤立的,周围有许多与自己共同学习、工作和生活的人,为使学习顺利、事业成功、生活幸福,人们都愿意建立良好的人际关系。而推己及人则是实现人际关系和睦、融洽的重要之道。要做到推己及人,首先要做到"己所不欲勿施于人",然后再进一步做到"己欲立而立人,己欲达而达人",也就是孔子所说的"推己及人可谓仁之方也"。一个有仁德的人,自己想要站得住,就要帮助别人站得住,自己想要事事行得通,就要帮助别人事事行得通。推己及人，将心比心地为别人设想一下，这并不是一条高不可及的教条。其实，无论君子妇孺，这剂仁之方都同样适用。

南宋诗人杨万里的妻子七十多岁了，每到天寒时都早早地起床，然后径直走进后院的厨房里，熟练地生火、烧水、煮粥。满满的一大锅粥要熬上很长时间才行，杨夫人静静地等着。过了一会儿，清甜的粥香顺着热气渐渐充满了厨房，飘到了院子里。

院子的另一边，仆人们伴着这熟悉的香气陆陆续续地起床了，洗漱完毕后，到厨房接过杨夫人亲自给盛的满满一大碗热粥喝了起来，身心感到很温暖。

杨夫人的儿子杨东山看到母亲忙碌了一早晨，心疼地说："天气这么冷，您又何苦这么操劳呢？"夫人语重心长地说："他们虽是仆人，也是各自父母所牵挂的子女。现在天气这么冷，他们还要给我们家里做活。让他们喝些热粥，胸中有些热气，这样干起活来才不会伤身体。"

杨夫人之所以能说出如此慈悲为怀的话，就是因为她是一个心地善良，懂得体贴与关怀别人的好人。她会设身处地体会别人的切身感受，所以能够为别人着想。她的做法，既教育了儿子，也温暖了仆人们的心。

虽然是生活中的小场景，但是由此推想，小中亦可见大，我们行走在这个社会当中，自己不想要的，也不要强加给别人；再进一步，自己想要立足，就要能够大度地让别人也能立足。

生活中，我们大多数人都是小人物，但只要从爱出发，一路与爱相伴，生命就会获得本质的诗意和快乐。王阳明在庐陵任县令时，曾向当地百姓发过一道文告,其中有一条是要求民众懂得谦让礼仪,做一个善良的人。王阳明认为只有善良才能够让家庭得到安乐,才能够保全财产。

一粒种子落进大地,大地就会为它长出一片绿色;一片云彩依偎在天空,天空就会为它带来丰沛的降水;万物把萌发的心愿交给世界,世界便呈现出盎然与蓬勃。天地万物数不胜数,其中最能够打动人的莫过于一颗善良的心。

6. 宰相之肚,纳小人之船

多思者善。

——《官诫经》

❋　❋　❋

明朝正德年间,宁王朱宸濠的反叛之心可谓"司马昭之心路人皆知",早在他广交人脉、招兵买马的时候就有许多内阁大臣上奏此事,只是贪玩的皇帝朱厚照并没有把这件事放在心上。朱宸濠决议反叛之时,王阳明和他的同乡好友孙燧同在江西任职,而且他们早就意料到朱宸濠即将采取反叛行动,也必然会拿他们二人开刀。可是远隔千里,想要上奏皇上奉旨平叛肯定来不及了,想要擅自行动却没有一点兵权在手。王阳明想与好友一起离开江西,再从长计议,但孙燧毅然决然要留守江西。无奈之下，王阳明只好独自离开，再想办法。果然，不几日，朱宸濠就找到了借口将孙隧杀掉了。痛失好友的王阳明义愤填膺，他也想立即回去替好友报仇，但是他最终忍下了，留得青山在，不愁没柴烧。

在人与人的相处中，像王阳明这样学会容忍是非常重要的，这是一种理智，也是一种涵养，更是经历了时光磨炼与淘洗的圆润的智慧。容忍并不是纵容，而是为了以后的长远打算。

真正的容忍需要宽广的胸襟，既要能包容清净，也要能包容污秽，既要包容所爱的人，也要包容憎恨的人，既要包容人性的善良，也要包容人性的邪恶。所谓"量大智自裕"，能容忍的人都是有度量的人，就像广袤的苍穹，容纳群星也容纳尘埃；又像浩瀚的大海，容纳百川也容纳细流；更像无垠的虚空，无所不含，无所不摄。

生活中难免会有摩擦，互相谩骂、羞辱并不能解决问题，大打出手只会让情况变得更糟；或许对方的冒犯会让你觉得窘迫，但你若能坦然处之，就会觉得比自己更尴尬的应该是那个出口伤人的无礼者。有时候忍一时之气，却更能换来坦荡的前途。

清朝时太监李莲英倚仗慈禧的宠爱，权倾朝野，为非作歹。李鸿章以军功晋升，起初很看不起这半男不女的奴才，所以有意无意间得罪了李莲英。于是，老谋深算的李莲英决定拿出点颜色让李鸿章看看。

李莲英并非要整倒李鸿章，只是想教训他一下，让他知道自己的厉害。

慈禧太后在意静居，想把清漪园修缮一番，以便颐养天年，苦的是筹款无术，时常焦躁。李莲英便对李鸿章说："李伯爷是朝廷重臣，若能体仰上意，玉成此事，以慰太后，以宽圣心，当立下不世之功。"

此等溜须拍马的好事，李鸿章岂肯轻易放过？他当即满口应承，并马上献计献策，同李莲英商量，巧立名目，责成各疆吏拨定款，就中提取六七成作为造园经费。

李莲英听了大喜，拍手称善，笑容可掬地着实奉承了李鸿章一番。看到李鸿章志得意满的样子，李莲英肺都要气炸了。他谦恭有礼地希望李鸿章入园内踏勘一回，看看哪里该拆该建，做到心中有数。

李鸿章看他想得周到，说得在理，当然点头赞成，对自己的危险处境却浑然不觉。

到了约定的日子，李莲英借口有事不能奉陪，派了个伶俐的太监领李鸿章园前园后，园左园右，着着实实转悠了一整天。事后不久，李莲英故意拣了个光绪皇帝肝火最旺的时候，诬陷李鸿章在清漪园里游山玩水。

光绪帝自4岁进宫称帝，从小慑于西太后的淫威，始终当着一个傀儡儿皇帝的角色，凡事都要看慈禧的脸色，自然有一肚子说不清道不明的委屈，他最忌讳的就是别人不尊重他的皇权帝位。听说权倾当朝的李鸿章敢大摇大摆地在他的御苑禁地游逛，他顿时大怒，认为这是"大不敬"，是对皇权皇位的公然藐视和冒犯！光绪帝一怒之下，不问青红皂白，立即下诏"申饬"，将李鸿章"交部议处"。

所谓"奉旨申饬"，就是由皇帝、太后或皇后派一名亲信太监，捧着"圣旨"去指着某人的鼻子，当众数落臭骂一顿。而被骂的人，既不能申辩，也不能回骂，还要伏在地上谢恩，因为那骂人的太监代表着皇帝、皇太后或皇后！要是那太监学着皇帝、皇后的口气骂，可能被骂的人还能忍受点，无奈那些太监总是用最不堪入耳的粗野的话滥骂一气。骂到最后还要跺着脚大喝一声："混账王八蛋滚下去！"这"申饬"虽不伤皮肉，却是极使人难堪的侮辱性惩罚。因受辱不过一气成病，甚至一怒而亡的都大有人在。

李鸿章被御批"申饬"，自然很快悟出了吃亏的原委，从此以后再也不敢对这狐假虎威的李莲英有丝毫怠慢了。

小人的心胸狭窄，卑鄙阴险，常常因为一些鸡毛蒜皮的小事把你整得鸡犬不宁。俗话说："宁得罪君子，勿得罪小人。"以李鸿章的权势都吃小人的亏、受小人的罪，用"不往何灾也"安慰自己，我等一介凡人更需要时刻注意与小人划清界限。

王阳明平定朱宸濠叛乱有功，被封"新建伯"，但是王阳明几番推辞，最后说："殃莫大于叨天之功，罪莫大于掩人之善，恶莫深于袭下之能，辱莫重于忘己之耻。"王阳明冒着惹恼圣恩的危险辞去朝廷的恩典，无非是想要和当朝的小人、是非划清界限，躲避祸患而已。

与小人相处，千万不要得罪他们，要保持距离，有时候吃些小亏也无妨。容忍的过程固然痛苦，但结果往往是美好的，忍下一口气，往往免了一场祸事。

第九章

"凡做人，在心地"

——良知是一切的根本

"凡做人，在心地；心地好，是良士；心地恶，是凶类。"

——摘自《王阳明家训》

❀ ❀ ❀

王阳明先生早年习儒，又在禅学上下了很大功夫。后来被贬到贵州龙场，驿馆破败不可居住，乃居于馆旁山洞。他在艰难困境中顿悟儒道之简易博大，"沛然若决江河而放诸海也，然后叹圣人之道坦如大路"，因此而创心学一派。

为什么我们在滚滚红尘，会失去心的本体，再也不认识自己，再也感觉不到心跳？

王阳明认为，人之所以会迷失自己的本性，就是因为外界的利益诱惑太多，而自己的内心又做不到"日三省吾身"，把持不住自己的良知。外物的纷扰犹可抗拒，而内心的芜杂则需要长时间梳理才能平静。

幸福的人，并不是他们在人生道路上有多么一帆风顺，也不是他们的能力有多么超群，而只是因为他们善于控制自己的内心，不为暂时的困厄而沮丧。

1. 心若被困，天下处处是牢笼

有一学者病目，戚戚甚忧，先生曰："尔乃贵目贱心。"

——《传习录》

❈　❈　❈

有一学者患有眼病，心里十分忧戚。先生说："你呀，真是贵目贱心。"

王阳明的这段话真是很有意思的顿悟，足以让看不破的人看破。

你想啊，当我们的眼睛有病，一般情况下会担心忧愁。这本来就是眼睛的事情，我们为什么要让心再受此摧残呢？不正是看重眼睛而轻视心的做法吗？

王阳明在这里告诫我们，不要只关注眼前的小损失，而忽略了更有价值的事物。所以，我们应该懂得珍惜真正有价值的东西，看清大局，不要为了一些琐事和小烦恼而影响了积极的人生态度。

然而，在现实生活中，我们经常会犯这种毛病。为了挣钱，拼命地工作。年轻时用身体来换钱,老年时又拿钱来拯救因拼命工作留下的身体疾病。我们往往顾此失彼,抓不住人生的重点;为了得到鱼目而丢掉手上的珍珠。比如,只要你打开网络,或者电视,总能看到各种自杀的新闻,这都是为了一些眼前的烦恼,而丢弃生命的愚蠢做法。

或许有人会问,一个连死都不怕的人,我们能说他不勇敢吗?不能。但是话又说回来,一个连活下去的勇气都没有的人,我们能说他勇敢吗?也不能。我们只能为这个逝去的生命感到惋惜,人生不如意十有八九,有什么事情比我们活着更重要呢?

有这样一个故事:

一个年轻人遭遇高考落榜,女朋友背叛,于是一心寻死,父母朋友都来劝,可是他就是听不进去,害得爸妈只得日夜看管,生怕有个三长两短。

幸好,父亲认识一位出色的心理医生,连忙请到家中帮忙劝解。

心理医生见到年轻人,笑着说:"年轻人,你的勇敢感动了我。但是我还是不明白你为什么选择自杀。第一,自杀并不能令你金榜题名,实现理想。第二,为一个不爱你的女孩,放弃了生命,那个爱你的女孩的委屈,谁来安慰呢?可是如果你还活着,或许情况就变了。人都有决定自己命运的权利。作为你父亲的朋友,我会尊重你的选择,但是我会为你的父母感到难过,他们即将面临白发人送黑发人的悲剧,我甚至已经看到他们风烛残年的凄凉。"

心理医生说完,就静静等待年轻人的举动。

此时的年轻人在心理医生的开导下,已经开始矛盾起来。又过了良久,年轻人终于平静了下来,决定不自杀了。

这位心理医生，晓之以理，动之以情，让年轻人明白了活着不只是为了金榜题名，不只是为了女朋友，还有生养自己的父母，还有更加重要的事情等着我们去做。生命是一次有意义的旅行。

我们的心总是被世间的俗事所困扰。迷茫、彷徨，生活在这个世界却毫无归属感，这多是因为内心被羁绊。有时候，一点得失都能令我们陷入万劫不复的境地。此时的我们不正是因为一个小小的眼病，害得心也跟着受累吗？只要有心去治，眼病可以治愈，但是没有了心，我们的眼睛还有什么用呢？

电视剧《来不及说我爱你》中有一句话："心若被困，天下处处是牢笼；心之所安，矮瓦斗室也是人间天堂。"说得多好，心若没有栖息之处，到哪里都是流浪。

有人把世界上的人分为两种：幸福的人和不幸的人。幸福的人，并不是他们在人生道路上有多么一帆风顺，也不是他们的能力有多么超群，而只是因为他们善于控制自己的内心，能在狂风暴雨中看到美丽的彩虹，甚至能在一败涂地中看到美好的将来，并时刻保持一种良好的心理状态，不为暂时的困厄而沮丧。不幸的人，也并不是缺少运气，更不是老天无眼，给他们的保佑不够多，只是内心被羁、行为被困，所以也就有了截然不同的命运。

有一位哲学家，当他是单身汉的时候，和几个朋友一起住在一间小屋里。尽管生活非常不便，但是，他一天到晚总是乐呵呵的。

有人问他："那么多人挤在一起，连转个身都困难，有什么可乐的？"

哲学家说："朋友们在一块儿，随时都可以交流感情，这难道不值得高兴吗？"

过了一段时间，朋友们一个个相继成家了，先后搬了出去。屋子里只剩下了哲学家一个人，但是每天他仍然很快活。

那人又问："你一个人孤孤单单的，有什么好高兴的？"

"我有很多书啊！一本书就是一个老师。和这么多老师在一起，时时刻刻都可以向它们请教，这怎能不令人高兴呢？"

几年后，哲学家也成了家，搬进了一座大楼里。这座大楼有七层，他的家在最底层。底层在这座楼里环境是最差的，上面老是往下面泼污水，丢死老鼠、破鞋子、臭袜子和杂七杂八的脏东西。那人见他还是一副自得其乐的样子，好奇地问："你住这样的房子，也感到高兴吗？"

"是呀！你不知道住一楼有多少妙处啊！比如，进门就是家，不用爬很高的楼梯；搬东西方便，不必费很大的劲儿；朋友来访容易，用不着一层楼一层楼地去叩门询问……特别让我满意的是，可以在空地养些花，种些菜。这些乐趣呀，数之不尽啊！"

后来，那人遇到哲学家的学生，说道："你的老师总是那么快快乐乐，可我却感到，他每次所处的环境并不那么好呀。"

学生笑着说："决定一个人快乐与否，不是在于环境，而在于心境。"

福由心生，境由心造，很多人常常被外境所困，以至于令自己的心困在围城中。一位哲人曾经说过：一个人的内心就是一个人真正的主人，要么你去驾驭生命，要么是生命驾驭你，而你的内心将决定谁是坐骑，谁是骑师。

拥有什么样的内心，就拥有什么样的生活能量，这种能量将决定你是否能获得幸福的人生。还在漂泊，还在担心未来，感到前途无望的你知道该怎么迎接以后的人生了吗？

2. 看破繁华，不动于心

圣人无善无恶，只是无有作好，无有作恶，不动于气。

——《传习录》

❀　❀　❀

孔子人生态度的一个重要方面，就是求心安。心若安定了，那外面的风吹雨打都可看作过眼云烟。就其对儒家之"礼"的阐释——"礼与其奢也，宁俭；丧与其易也，宁戚"可以看出，孔子认为礼节仪式与其奢华繁杂，不如节俭，正如丧礼那样，与其在仪式上准备得隆重而周到，不如在心里沉痛地哀悼死者，因为心中之礼比其外在形式更重要。

求心安，即保持一颗安定、清净的心，不因外界的打击和诱惑而摇摆不定，不过于狂热地去追求心外之物。能够做到这一点并不容易，因为人的心境太容易受到外界的干扰。恶人受丑陋之心的牵引而做坏事，普通人也可能因为执著心、愧疚心等而使自己陷入痛苦，无法自拔。如果人对于外界的事情心有挂碍，并由此生出烦恼、欢喜，那么这颗心就失去了它的本来面目。

王阳明的弟子薛侃曾向他请教："为何天地间的善难以培养，而恶却难以祛除呢？"王阳明认为，因为心中有善恶之念，引发好恶之心，才导致为善或为恶。他在回答中举出"花草"的例子：当人们想赏花时，就认为花是好的而它周围的杂草都是恶的，因为那些杂草影响了赏花的效果;而当人们要用到那些杂草时,则又认为它们是善的。这样的善恶区别,都是由于人们的好恶之心而产生的,因此是错误的。王阳明指出,应该心中无善无恶。他所讲的无善无恶,与佛家所讲的不同。佛家只在无善无恶上下功夫而不管其他,便不能够将此道理用于治天下。而圣人所讲的无善无恶,是告诫世人不从自身私欲出发而产生好恶之心,不要随感情的发出而动了本心。

有一天,深山里来了两个陌生人。年长的仰头看看山,问路旁的一块石头:"石头,这就是世上最高的山吗?""大概是的。"石头懒懒地答道。年长的没再说什么,就开始往上爬。年轻的对石头笑了笑,问:"等我回来,你想要我给你带什么?"石头一愣,看着年轻人,说:"如果你真的到了山顶,就把那一时刻你最不想要的东西给我,就行了。"

年轻人很奇怪,但也没多问,就跟着年长的人往上爬。斗转星移,不知过了多久,年轻人孤独地走下山来。

石头连忙问:"你们到山顶了吗?"

"是的。"

"另一个人呢?"

"他,永远不会回来了。"

石头一惊,问:"为什么?"

"唉,对于一个登山者来说,一生就大的愿望就是登上世上最高的山峰,但当他的愿望真的实现了,同时,也就没有了人生的目标。这就好比一匹马的腿断了,活着与死,已经没有什么区别了。"

"他……"

"他从山崖上跳下去了。"

"那你呢?"

"我本来也要一起跳下去的，但我猛然想起答应过你，把我在山顶上最不想要的东西给你，现在看来，那就是我的生命。"

"那你就来陪我吧！"

年情人在路旁搭起了个茅草屋，住了下来，人在山旁，日子过得虽然逍遥自在，却如白开水般没有味道。年轻人总爱默默地看着山，在纸上胡乱画着。久而久之，纸上的线条渐渐清晰了，轮廓也明朗了。后来，年轻人成了一名画家，绘画界还宣称他是一颗耀眼的新星。接着，年轻人又开始了写作，不久，他就因他的文章回归自然的清秀隽永而一举成名。

许多年过去了，昔日的年轻人已经成了老人，当他对着石头回想往事的时候，他觉得画画、写作其实没有什么两样。最后，他明白了一个道理：其实，更高的山并不在人的身旁，而在人的心里，心中无我才能超越。

这后一位登山者的境界不可谓不高。确实，更高的善在我们的心里，只有心中无我时，人才能攀越这座高山。人世间最可怕的不是做错事而是心中动了歪念。倘若内心摇摆不定、狂热偏激，就会动歪念，就会继续做错事，这个时候就只有倒空了自己，才会发现虚无。

一位佛学大师曾说："心是最有反应，最有感悟的器官。我们看大自然的山川鸟兽、花开花落，我们看人生的生老病死、苦空无常，我们看世间的生住异灭、轮回流转等，都会因心的触动而有喜怒哀乐的表现。"世间的风动幡动，其实都是因为心动罢了。

王阳明说："无善无恶是静态时候的表现，有善有恶是气动的表现。在起心动念间，如果我们自己的内心茫然，就会不知所住，甚至连自己究竟是对是错都分辨不清。因此，唯有秉持一颗安定、清净之心，才能将世情看破，身处繁华闹市而不为所动。

3. 心平气和造就人才

古人为治，先养得人心和平，然后作乐。

——《传习录》

❀　❀　❀

古人处理事情，首先会让自己的心态平和，然后才制作乐曲，开始做这件事。

什么样的心态才算是平和的心态？王阳明认为，能够容忍他人故意冒犯和侮辱的人就算心境平和之人。这样的人也能很从容地接受失败和挫折。想要成为管理者的人，就必须是一个做任何事都心平气和的人，这样的人有担当，并且能在紧急情况中调整心态，不乱分寸。

换言之，如果一个人能够坦然地面对失败，并在受挫时总结经验，才能提高自己的人生觉悟；不能坦然，内心就开始扭曲，变得越来越狭窄，容忍不了别人的批判、指责，更加无力接受自己的过错和失败。

历史上，有位擅于运筹帷幄，曾辅佐过刘邦的智慧之人名叫张良，他的智慧源自哪里，下面的故事将告诉你。

一日，张良站在桥上欣赏周边风景时，见一位穿着粗布麻衣的老人径直朝他走来。

这时，走来了一位身穿粗布麻衣的老人。老人到了张良跟前，将自己的鞋子一下子甩到桥下，很不礼貌地对张良说："小子，下去给我把鞋捡上来！"张良愕然地看着老人，心想这个老人太不懂事理了；继而一看，老人确实已经上了年纪，不好与他计较，便强忍着火气，下桥给老人把鞋捡了上来。

老人不但不道谢，反而把脚一伸，又说："给我把鞋穿上！"张良感到又可气，又可笑，心想既然已经把鞋捡上来了，干脆再替他穿上得了，于是又跪着给老人穿上了鞋子。老人一句话未说，笑咪咪地走开了。张良很吃惊，呆呆地站在原地目送老人远去。老人走了一丈多路，又返了回来，对张良说："小子，看来你还是可以教诲的！五天后天亮时，仍然到这个地方来见我。"

张良意识到老人并不是个一般的人，便跪下回答说："是。"

五天后天亮时，张良来到桥上，老人已经先到了。一见张良，老人便生气地说："约好了与老人见面，却迟到了，这怎么能行呢？"说完扭头便走，扔下一句话："五天后早点来！"

五天之后，鸡刚报晓，张良就赶到了桥上，不料又是老人先等在了桥头。老人说："又落在我后面，这是什么道理？五天后早点来！"

又过了五天，还未到半夜，张良便来到了桥头。过了一会儿，老人也来了。见到张良，老人高兴地说："对，就应当这样嘛！"便从袖中拿出一部书，交给张良，说道："读了这部书，你就可以成为帝王的老师了。再过十年，你就会成功了。十三年后，你我将在济北见面，谷城山下的黄石，就是我。"说完老人便走了，从此再也没有出现过。

天亮之后，张良打开那部书一看，原来是一部兵书，名叫《太公兵法》。张良很珍视这部兵书，时常诵读体会，后来真的辅佐刘邦成就了帝业。十三年后，张良跟随刘邦过济北，果然在谷城山下看到了一块黄石，于是将黄石取回，恭敬地供奉起来。张良去世前，遗命家人一定要把黄石与自己一起下葬。家人依言而行，每逢祭祀时，连黄石也一起祭祀。后来，人们就把那位不知姓名的授书老人，尊称为黄石公。

那位老人如此费劲周折才将《太公兵法》交给张良的原因和用意究竟是什么呢？

可以说，老人看到了张良的天资非凡，但还缺少心智的磨练，即面对事物时心平气和的态度。面对重大的决策时，头脑冷静者才能做出正确的判断。经过老人三番五次的折辱，张良仍能保持谦恭平和的态度，这是担大任者所必备的素质。

随后，张良果然在刘邦的麾下做了一名谋士，在几次重大决策中，都以冷静的头脑和平和的态度做出了正确的选择，为刘邦打下天下立了不可磨灭的功绩。

这个故事告诉我们，一个修炼过自己心灵的人，有可能干出一番大事业来。冷静的态度，敏锐的洞察力都有助于让人成就大事。

在这个纷繁复杂的社会里，如果一个人拥有心平气和的态度，能淡然接受各种情感刺激，对待任何阻挠和对抗，都能保持不动如山，那么他就具备了常人无法匹敌的自控能力。这就是古人常常强调的"存心养性"，即在纷乱的尘世，让自己的心灵处于稳定安平的状态，永远做到心平气和。

杂念，往往是最影响心态的一种念头。很多人很难专注一件事的主要原因是，杂念太多。在生活中，如果能做到将自己当成造金炼铁的大熔炉，把杂念当作随风飘落的枯叶，只要心中不再惦记那些枯叶，不再为它们留念，那么枯叶的归宿将只有一个——在熔炉里灰飞烟灭。这就是说，我们在处理事情时，只要不将个人的情愫夹杂在事物之间，而是就事论事，心中充满恬淡之意，杂念便会随着心灵的平静而消失殆尽。由此，事情就会朝着最明朗的方向发展。

经过反复的心理磨练，我们心中的杂念便会越来越少，心灵也会越发纯净平和。这样一来，我们就能更好地控制自己的意志，成为一个有定力的人。

一个有定力的人，不管遇到的事情多么千奇百怪，面临的情势如何凶险，他都会忍住恐惧和慌乱的情绪，心平气和地洞悉规律，并依照当时的形势出谋划策，处理好一切。这就是"任它天动地动，只是我心不动"的现实写照。

心有多宽，世界就有多大。一个想要成就事业的人，若是没有一颗平静且包容的心灵，仅凭自己的能力和力量是不够的。只有拥有一颗十分包容又平静的心，才能装下、包容下许许多多的事，才能处理好事物与事物间的关系，成为有成就的人。

不论是修身养性，还是治国平天下，想要进入道的境界，都需要一颗宁静又平和的心。只要你心平气和，你将会看到更多的风景，走上更广阔的道路。

王阳明有一个特别的学生。他不远万里来到王阳明的住所，只为拜王阳明为师，等见了王先生，却只得到了先生这样的回答："你跋山涉水，历经千难万险来到这里，如果是为了学习我的学问，那么你现在可以回家去了。因为，现在的你已经学到了我的学问里的精髓，那就是'真心'。"

4. 保持随遇而安的态度

人生达命自洒落。

——《啾啾吟》

❀ ✳ ❀

"方圆不盈亩,蔬卉颇成列。分溪免瓮灌,补篱防豕蹢。芜草稍焚剃,清雨夜来歇。濯濯新叶敷,荧荧夜花发。放锄息重阴,旧书漫披阅。倦枕竹下石,醒望松间月。起来步闲谣,晚酌檐间设。酣时藉草眠,忘与邻翁别。"在龙冈书院旁边,有一个很多人都认为十分不起眼且毫无用处的乡村菜地,名叫"西园",但王阳明却认为,这是一个赏景、读书的好地方。篱笆、野花、瓜果蔬菜,一切都那么自然和谐,如一幅美景图般呈现出来。王阳明经常在这里读书、赏景,有时还和这里的农民一起哼小调唱小曲。傍晚,在庭院里搭一张小桌子就餐,酒醉后,就在庭院的草席上睡下。这首诗,很全面地反映了王阳明惬意的随遇而安的美好心情。

对于随遇而安,著名的国学大师南怀瑾也曾经说过:"一个人想做到随遇而安是非常困难的。世间万物皆有其自身的规律之所在,水在流淌的时候是不会去选择道路的;树在风中摇摆时是自由自在的,它们都懂得顺其自然的道理。因此拔苗助长固不可取,逆流而上也是一种愚蠢。"

在这个世界上，不管一个人有多么成功伟大，其与别人经历的过程都是近乎相同的，有失败的失意，有遇挫的痛苦，有成功的喜悦。但最应珍惜的还是每个阶段和境遇所带来的不同的感受。他们都有一个信念，不论遇到什么，先坦然面对，欣然接受；不管遭遇怎样的境况，都做到随遇而安。在这样随遇而安的状态里找到办法，从困境中解脱。

说到随遇而安，有这样一个故事。

曾经有一个小国家，地方小人少，这里的人们却过着与世无争、世外桃源般的生活。他们活得悠闲自得，性子都十分闲淡。他们的这种性格很大程度都是受到这个国家的国王和宰相的影响。国王从不争强好胜，也从来没有为扩张国土而侵略过其他国家；而宰相更是一位对政事不太关心的读书人。

不过，这两个人都有自己的嗜好。国王特别喜爱打猎和微服私访，而宰相也老在国王微服私访的时候说这么一句话："一切都是最好的安排。"

起初，国王并不理解宰相说这话的真正意义，直到一件事的发生。

这一天，国王如往常一样来到狩猎场打猎，他的箭不偏不倚地射中了一只花豹，花豹立刻倒下，这可把国王高兴坏了，这可是他第一次捕获到这样的大型动物。于是，他骑着马抛下随从，兴高采烈地来到花豹倒下的地方。没想到，花豹就在这一瞬间使出最后的力气，突然跳起来向国王扑过来。国王一愣，看见花豹张开血盆大口咬来，他下意识地闪了一下，心想"完了"。幸好，随从及时赶到，立刻发箭射入花豹的咽喉，国王觉得小指一痛，花豹就闷不吭声跌在地上，真的死了。

回宫以后，国王越想越不痛快，就找了宰相来饮酒解愁。宰相一边举酒敬国王，一边微笑着说："大王应该庆幸，少了一小块肉总比少了一条命来得好吧！想开一点，一切都是最好的安排。"

国王一听，闷了半天的不快终于找到宣泄的机会，他训斥宰相，并把宰相关进监狱。

过了一个月，国王养好伤，打算像以前一样找宰相一块儿微服私巡；可是想到是自己把他关入监狱里，一时也放不下身份释放宰相，便独自出游了。

走着走着，来到一处偏远的山林，忽然从山上冲下一队脸上涂着红黄油彩的蛮人，三两下就把他五花大绑，带回高山上。国王这时才想到今天是满月，这一带有一支原始部落，每逢月圆之日就会下山寻找祭祀满月女神的祭品。他心想这下子完了，有心想跟蛮人说："我是国王，放了我，就赏赐你们金山银海。"可是嘴巴被破布塞住，连话都说不出口。

他被带到一口比人还高的大锅前，柴火正熊熊燃烧，吓得他脸色惨白。大祭司现身，当众脱光国王的衣服，露出他细皮嫩肉的龙体；大祭司啧啧称奇，想不到现在还能找到这么完美无瑕的祭品！原来，今天要祭祀的满月女神，是"完美"的象征，所以，祭祀的牲品丑一点、黑一点、矮一点都没有关系，就是不能有残缺。在即将推国王下油锅的那一刻，大祭司终于发现国王的左手小指头少了小半截，他忍不住咬牙切齿咒骂了半天，忍痛下令说，把这个废物赶走，另外再找一个。脱困的国王大喜若狂，飞奔回宫，立刻叫人释放宰相，派军队赶走蛮人，并在御花园设宴，为自己保住一命，也为宰相重获自由而庆祝。

国王边饮酒边说："如果不是被花豹咬了一口，今天连命都没了。"

宰相也慢条斯理喝下一口酒说："也多亏大王将我下在大狱，我才捡了一条命。否则，陪伴您微服私巡的人，不是我还有谁呢？等到蛮人发现国王不适合拿来祭祀满月女神时，被丢进大锅中烹煮的肯定是我。所以我要向您敬酒，感谢您救了我一命。"

从这个故事里，我们可以发现，这位宰相说的"一切都是最好的安排"实际上就是随遇而安的意思。随遇而安，并不是让人们完全地安于现状，不对未来做任何打算和努力，一味消极地等待。这里的随遇而安，指的是找到生活的平衡，这才是自然的一种境界，是心灵成长的标志，是成功人士的基本素养。

5. 寂寞，让心灵成长

圣人之道，吾性自足，向之求理于事物者误也。

——《教条云龙场诸生》

❀　❀　❀

刚被贬至龙场的王阳明，因无法适应当地的艰苦和精神上的寂寞，整个人都显得十分忧郁悲凉。为了排遣烦恼，消除寂寞，他静心默坐，澄心静虑，想通过平静心态来理清思绪，改善情绪。由此，耐得住寂寞的他还悟出了圣人之道："圣人处世，在于自足七性，而不在向外求理。"从此，王阳明就开始了用寂寞催生自己心灵成长的龙场悟道之旅。

很多人在成功之前都苦于遇不上欣赏自己的伯乐：有时候是自己无意间掩盖了才华，有时是他人埋没了自己的能力。如果因一时不被赏识而暴躁不安，很可能会前功尽弃；而如果安下心来，耐心等待，于寂寞中养精蓄锐，甚至享受寂寞，这种经历将令自己的整个人生受益匪浅。

李忱是唐宪宗李纯的第十三子，于长庆中期被封为光王。即位之前，贵为王公的李忱却不得不离京出走，这得从他当时的处境说起。李忱的母亲并不是一个有身份、有地位的妃子，她作为当时叛臣的罪孥进宫，结果邂逅了当朝皇帝，生下了李忱。可惜在李忱的幼年，宪宗皇帝就被宦官暗杀了，留下这一对母子，既不能母凭子贵，也不能子凭母贵。

公元 820 年 2 月，李恒（李忱之兄）被宦官扶上皇位，是为唐穆宗；四年后穆宗服长生药病逝，其子敬宗李湛接任，但他只活到 18 岁，驾崩后由其弟文宗李昂、武宗李炎相继接任。

在这长达二十年的时间里，三朝皇叔李忱的地位既微妙又尴尬。他只能习黄老之道，韬光养晦，装傻弄痴。尽管他为人低调，不事张扬，但光王的特殊身份，还是让他逃避不了侄儿们猜忌、排斥、挤压的命运。文宗、武宗两位皇帝更是对他心存芥蒂，非但不以礼相待，还想方设法地迫害他。公元 841 年，唐武宗登基时，李忱为避祸，便"寻请为僧，行游江表间"，远离了是非之地。应该说，李忱当时作出的这一抉择，当属大智若愚、达人知命的明智之举；而流放底层，阅尽人世沧桑，也为他将来成大业提供了一个难得的机会。

法号"琼俊"的李忱虽然隐居于与世隔绝的深山之中，但他并没有一心向佛，忘却心中之志。握瑾怀瑜的他，效法孔明抱膝于隆中、太公闲钓于渭水，准备待时而动，以实现"归去宿龙宫"的夙愿。

虽然他一直隐藏自己的这一志向，在福建境内的天竺山真寂寺的三年间，他大智若愚、言行谨慎、不露端倪。但在一次与黄蘗和尚观瀑吟联时，他那深藏于心的雄才大略却通过一副对联表露无遗。

黄蘗是当时福建一位名僧，他出家于福清黄蘗山，因拜江西百丈山海禅法师而得道，从此名声大噪。黄蘗当时云游四方，行踪不定，也曾入宫，与李忱熟识并成为知己。得知李忱龙潜于真寂寺，他特地赶来，在庙里长住下来。

一日，两人在山中闲话，面对悬崖峭壁上的一条飞瀑，黄蘗来了雅兴，对李忱说道："我得一上联，看你能否接下联。"李忱也兴致盎然，说道："你道来我听，我必对得上。"黄蘗于是吟道："干岩万壑不辞劳，远看方知出处高。"李忱几乎是脱口而出："溪涧岂能留得住，终归大海作波涛。"黄蘗听了，赞赏有加。

没有深沉的寂寞，哪有动地的长歌？李忱就像那瀑布，经历"干岩万壑不辞劳"的艰险后，终将飞珠溅玉、石破天惊。公元846年，忍辱负重的李忱果然在太监们的拥戴下，从侄儿手中夺过大位，是为唐宣宗，时年37岁。由于他长期在民间阅世读人，深知黎民疾苦，故躬行节俭，虚怀纳谏，颇有作为。

耐得住寂寞，是所有成就事业者都遵循的一种原则。它以踏实、厚重、沉思的姿态作为特征，以一种严谨、严肃、严峻的表象追求一种人生目标。当这种目标价值得以实现时，不喜形于色，而是以更寂寞的人生态度去探求另一奋斗目标和途径。而浮躁的人生是与之相悖的,它以历来不甘寂寞和一味追赶时髦为特征,有着一种强烈的功利主义倾向。浮躁的向往,浮躁的追逐,只能产生浮躁的果实;这果实的表面或许是绚丽多彩的,但绝非具有实用价值。

一位西方哲学家曾经说过这样一句话:"世界上最强的人大多都是最孤独的人。能在孤独寂寞中完成他的使命的人,就是最伟大的人。"众所周知,寂寞常常令人感到痛苦,不能与他人交流沟通,不能被伯乐赏识的寂寞苦不堪言。但是,转念一想,只有安静且不受干扰的环境才能真正地让一个人获得心灵的平静,只有在平和的心态下,人才会变得更加坚强,所以,若想要度过目前的困境或者超越平凡的状态,就得先让自己学会与寂寞相处,并且在寂寞中让心灵纯净起来。

在被贬期间,王阳明也体会了各种折磨与摧残。但他并没有被这些外在的身体折磨打垮。为了从困苦和寂寞中解脱出来,他主动去了解当地居民的民俗文化,并交换他所学的知识和理论。时间长了,当地居民的质朴性情和乐于助人的热情,深深地感动着他。令他最为感动的是彝族首领安贵荣。安贵荣非常欣赏王阳明的学识和精神,当他得知身边的这位学者正过着水深火热的生活时,主动提供帮助给予他生活上的照顾。不仅如此,安贵荣还经常为他讲述他们民族的文化历史,使王阳明在困苦的日子里仿佛找到了至宝一般,这些不一样的民风民俗极大地激发了他悟道传道的热情。

王阳明在亲身经历了寂寞和困苦后,得出了一个生命的真谛:在寂寞中,不能自我颓废和萎靡。越是寂寞的时候越要让自己的心灵坚强起来,用当下的宁静环境,让自己的心灵纯净不惹尘埃。当心灵沉静,生活的杂念便也消失不见,这时,我们便需要坚持不懈地完善自己的心灵和能力。由此,当某天机遇向你招手时,你才能有勇气和实力好好地把握它，获得成功。

　　寂寞除了无尽的孤独和痛苦以外，带给人们的还有宁静、毫无干扰的环境，这样的环境有助于一个人的成长，它教会人们要用严谨、严肃的态度来追求人生目标，实现自我成功。为了避免自己的内心受到各种情绪的干扰，我们在成功后，也不应太过喜形于色，而是应该低调地为自己制定下一个人生目标，并努力实现。

　　对于寂寞，梁实秋先生曾这样描述："寂寞是一种清福。我在小小的书斋里，焚起一炉香，袅袅的一缕烟线笔直地上升，一直戳到顶棚，好像屋里的空气是绝对的静止，我的呼吸都没有搅动出一点波澜似的。我独自暗暗地望着那条烟线发怔。屋外庭院中的紫丁香还带着不少嫣红焦黄的叶子，枯叶乱枝的声响可以很清晰地听到，先是一小声清脆的折断声，然后是撞击着枝干的磕碰声，最后是落到空阶上的拍打声。这时节，我感到了寂寞。在这寂寞中我意识到了我自己的存在——片刻的孤立的存在。"梁实秋先生坐在属于自己一个人的书斋里，感受到的寂寞是充满诗意的，是一个能激发他写作灵感的状态，是一个享受的过程；没有痛苦，没有孤独，有的是一种旁人所不能体会的清福。

　　由此可见，寂寞往往是感情丰富且十分细腻的人才能有所感知的。正是因为他们常常能安静下来体验到旁人所不能体验的情感和细节，才能体悟到他人所不能体悟的道理，发现他人忽略掉的思想，最终得到寂寞给予的力量，修炼自我，获得成功。寂寞，不应该用惧怕的心理来对待；寂寞，不是我们想象的那样可怕；寂寞，也不是寻常人能够体悟和感知的。若是你能体验到安静的寂寞，请珍惜这样的感觉，因为，或许这就是你成功的起点和必经之路。这，也是王阳明想要告诉我们关于寂寞的真谛，关于如何让自己成长的秘诀。

6. 平常心，心平常

万缘脱去心无事。

——《静心录》

✿ ✽ ✿

王阳明思想上的转折点就是"龙场悟道"。但是在艰苦的环境下，他的随从们一个个病倒了。王阳明被迫自己打柴担水，做稀饭给随从们吃。他又担心他们心情抑郁，便和他们一起朗诵诗歌，唱唱家乡的曲子。唯有这样，随从们才能稍稍忘记当时的处境。

然而，王阳明却始终在想："如果是圣人，面对这种情况，会有什么办法呢？"昼夜苦思的王阳明，终于在一个夜梦中豁然开朗，悟得"圣人之道，吾性自足"的道理。他从睡梦中跳起来，欢呼雀跃地大叫："我知道了，我知道了!""中夜大悟格物致知之旨"，荒芜的龙场，给了哲学家心性的自由，成了王阳明"运思"的天堂，也孕育了王阳明从"平凡人"到"圣人"之路。

其实，生活就是在平凡与伟大的交错中延伸开来的，每一个伟大的人必定曾经是一个平凡的人或以后会变回平凡的人。但是有一点不变的：伟大，总是在平凡之后。

庄周家境贫寒，于是向监河侯借粮。监河侯说："行，我即将收

✿

取封邑之地的税金，打算借给你三百金，好吗？"庄周听了脸色骤变忿忿地说："我昨天来的时候，有谁在半道上呼唤我。我回头看看路上车轮辗过的小坑洼处，有条鲫鱼在那里挣扎。我问它：'鲫鱼，你干什么呢？'鲫鱼回答：'我是东海水族中的一员。你也许能用斗升之水使我活下来吧。'我对它说：'行啊，我将到南方去游说吴王越王，引发西江之水来迎候你，可以吗？'鲫鱼变了脸色生气地说：'我失去我经常生活的环境，没有安身之处。眼下我能得到斗升那样多的水就活下来了，而你竟说出这样的话，还不如早点到干鱼店里找我！'"

得道的"圣人"庄子的生活其实和大部分人一样，并非不食人间烟火，他也会遭遇贫穷，甚至连饭都吃不上，只有去借钱，还被拒绝。但是当面对生命中的困窘时，他能保持超然外物的心境，坚持自己卓尔不群的人格。我们还可以说，"圣人"就在平凡的人世间。

一个真正了不起的人，自己心中没有伟大这个观念的，他会认为帮助别人都是人应该做的事情，做完了就过去了，心中不留痕迹。这是符合王阳明将万物众生看作一体的观点的。

每一个生命都是如此平凡，但你若把自己降低到最低的位置，你就成了大海。一切伟大也蕴于平凡之中，平常就是真道，最平凡的时候是最高的，真正的真理是在平凡之间；真正仙佛的境界，是在最平常的事物上。所以真正的人道完成，也就是出世、圣人之道的完成。

然而，生活中的有些人在心中嘀咕，我整天为了工作奔忙，为了能买套房子、为了能养活家人无比辛劳，这能算伟大吗？能算"圣人"吗？其实，我们所做的这些工作和庄子当日为了生活而奔忙的工作又有何不同？只要我们能够在这平凡的生活中修养自己的心灵，不让自己沉迷于物欲，保持一份超然的心情，我们就能在芸芸众生中活得更精彩。圣人就在平凡的人间世。文豪泰戈尔曾经说过："天空虽不曾留下我的痕迹，但我已飞过。"有一份自信，一种坦然，就已足够。

第十章

"譬树果，心是蒂"

——知行合一，内心光明耀天下

"譬树果，心是蒂；蒂若坏，果必坠。"

——摘自《王阳明家训》

✿ ✿ ✿

　　王阳明用的比喻非常贴切。他说心就像果子的蒂一样，而人的行为就像果子一样，如果蒂不好，果子会受到影响；如果蒂坏了，果子也会尚未成熟就坠落，甚至烂掉。

　　知与行就是一个理论和实践的问题：有人认为知易行难，懂得理论容易，实践很难；有人认为知难行易，领悟道理很难，实践很容易。王阳明则提出"知行合一"，认为懂得道理是最重要的，但实际运用同样重要，也就是说，一个人不仅要有崇高伟大的志向，也要掌握符合实际、脚踏实地的方法，并努力实践，如此才能真正获得圣人的智慧。

1. 意志力是奋斗的血液

善念发而知之,而充之;恶念发而知之,而遏之。知与充与遏者,志也,天聪明也。圣人只有此,学者当存此。

——《传习录》

❈　❈　❈

你所认可的成功,可能是耗尽你一生的事情。即使某一天你达到了自己想象的样子,仍然会有另一个成功在召唤着你,你可能永远不会满足。这样说来,对于一个积极的人来说,成功的道路确实是漫漫无涯了!这其中的风风雨雨、酸甜苦辣只有自己了解,别人为你分担的也只有那么一点点而已。谁都替代不了你的角色,你需要一个坚强的自我!

一个人是否具有意志力,表现为他是否能够坚持不懈地去做一件事。其实,每个人的一生,面临的机遇都是差不多的。最终,究竟是谁能取得成功,关键还要看谁的意志力更强,能坚持到最后。

一个人,立下志向要成就一番事业,若能花精力刻意磨练自己的意志力,他的人生就会出现转机,突破自己,进入更高的境界,让心灵也提升到一个新的高度,从而把潜藏于体内的智慧、能力、天赋释放出来。

明朝儒学大师陈献章，自幼聪慧过人，读书过目不忘，但参加两次科举考试都落第了。二十七岁时，他开始发愤学习，拜当时名重一时的大儒吴与弼先生为师。

陈献章虽然很有才气，但不够勤奋，早晨常常贪睡不起。

吴与弼先生治学严谨，对学生要求也相当严格，这时就会在门外大叫："读书人！你现在懒惰的话，什么时候才能学到前辈大师的精髓，将他们的思想发扬光大呢?!"

将陈献章从舒服的床上叫起来后，吴与弼并不急于给他讲授各种学问，而是通过各种杂事来磨练他，让他去挖地，簸谷，割禾，种菜，编扎篱笆，自己写字的时候，就让他研墨，或者客人来时，则令他接待沏茶。这样过了几个月，就让他回去了。

刚开始时，陈献章对这种独特的教学法感到失望，觉得在老师那里，除了学会干一些农活杂事之外，什么也没学到。回乡之后，他静静地思索在老师那里求学的经历，想起了这样一件事：一天在田里割禾时，老师不小心被镰刀割伤了手指，十指连心，自然非常疼痛，老师却说："人怎么能够被外物所胜呢?"竟然面不变色、若无其事地继续割禾。

陈献章终于恍然大悟，体会到了吴与弼先生的良苦用心，原来老师这是在身体力行，用自己的实际行动来教育学生要有过于常人的人格和意志，不要臣服于任何外物。自己平时自恃聪明过人，不愿痛下苦功，这不正是自己最大的弱点吗？而老师早已洞察到了自己的这个毛病，对症下药，从各种小事入手来提升自己的意志力。

从此之后，陈献章开始了真正的勤奋治学，他闭门读书，足不出户一年有余，精益求精地穷研古今典籍，有时钻研一个问题到了关键时刻，彻夜不寝，实在困倦了则用凉水浸泡双足，以刺激自己清醒起来。他还自筑阳春台，整日静坐其中，潜心学习思考，他用功到如此地步，以致家人只能从墙壁挖一个洞把食物递进去。

陈献章以过人的意志力，一心修身治学，就这样坚持数年，终于有悟，成为了明代著名的哲学家、思想家、教育家、诗人及书法家，桃李满天下，更开启了明朝一代的心学新风。

后人评价说："先生（陈献章）之学，激励奋发之功多得之康斋（吴与弼）。"陈献章尽管聪明多才，智商高，记忆力好，但聪明的人往往容易去找捷径，不肯下苦功去做学问。如果没有吴与弼先生用各种农活杂役来磨练他的意志，使他从此痛改前非、发愤努力的话，他能否成就那么大的学问还是个问题。

在这种坚持不懈的探索中，陈献章通过亲身实践，终于悟到了掌握自己意志的奥秘。他说："古之善学者，常令此心在无物处，便运用得转耳。"这就是说，在修身治学、磨炼意志的过程中，最关键的一点是：要善于把真我置于虚无处，学习不认同你的头脑。

培养坚强的意志，就成了你自救的最有效的办法！克服成功道路上的每一个障碍，都离不开意志力；面对着所执行的每一个艰难的决定，所依靠的依然是内心的力量。意志力不是生来就有或者不可能改变的特性，不是缥缈的，它是一种能够培养和发展的技能，是成功者必备的特质之一！

平定南中后，诸葛亮加紧训练兵马，强化武装力量，准备北伐。公元226年，魏文帝曹丕病死，其子曹睿初继帝位。诸葛亮抓住大好时机，第二年春天便率领大军开往汉中一带，准备北伐。

公元228年春，诸葛亮开始北伐，决定先取陇右，再下关中。为了迷惑魏军，他采取声东击西的策略，声称要从斜谷出兵攻打郿城，并派赵云、邓芝带一队兵马作为疑兵，进据斜谷道，佯做一副要攻取郿城的样子。诸葛亮却暗中亲率大队人马，突然偷袭魏军据守的祁山。蜀军经过几年时间的养精蓄锐，兵强将勇，战阵整齐，号令严明，锐气很盛，所到之处，势如破竹，一举攻占祁山。祁山以北天水、南安、安定三郡守军，相继俯首投降。诸葛亮在冀县一带收降了后来成为西蜀名将的姜维，但是整体的战略却因为马谡丢失街亭而失败。

公元228年冬天，曹魏大将曹休被东吴鄱阳太守周鲂行使假降计打得大败。魏军主力大部分被吸引东下，救助曹休，使得关中空虚。诸葛亮乘此时机，又亲率大军杀出散关，包围了陈仓。陈仓地势险要，易守难攻，是古来兵家必争之地。陈仓守将郝昭很有谋略，魏蜀两国士兵激烈的战斗一直打了二十多天。蜀军粮草将尽，又探得曹魏救兵也将赶到，诸葛亮下令退兵。魏国将军王双恃勇轻敌，领兵穷追，被诸葛亮设伏斩杀。蜀军退兵回到汉中。

公元229年春，诸葛亮第三次北伐。鉴于前两次远攻失利，这次采取了近取固本的方案。他派部将陈式进兵攻取武都、阴平二郡，亲统大军继后，率军西上，以策应陈式。当魏国雍州刺史郭淮从陇西起兵进击陈式时，诸葛亮大军突然兵临建成，惊走了郭淮，攻取了二郡。诸葛亮留兵驻守，又对当地民众做了一番安抚工作，然后收兵返归汉中。从此武都、阴平二郡正式纳入蜀汉版图。

公元231年春天，诸葛亮第四次北伐。他命李严往汉中督办粮草，供应前方，自己亲率大军北攻，团团包围了魏军固守的祁山。魏主曹睿得讯，立即派司马懿率大军火速去救。诸葛亮听后，果断地留下王平带部分精锐军马继续攻打祁山，而自己亲率蜀军主力迎战。

两军在上邦遭遇。蜀军击败魏军，诸葛亮趁势命3万精兵把陇上小麦割完，运到卤城打晒去了。司马懿与副都督郭淮议定，发兵两路攻打在卤城打晒麦子的蜀军。魏军乘夜来到卤城下，把城围得铁桶一样。司马懿传令攻城。岂知诸葛亮早有防备。城上万弩齐发，矢石如雨。魏军不敢前进。正在这时，四面火光冲天，喊声震天，四路伏兵一齐杀来。卤城四门大开，城内蜀军杀出，里应外合，大败魏军。司马懿引败军奋死杀出重围，占领了一座山头。郭淮也领着败兵到山后扎营，坚守不出，与蜀军遥遥相对，以期蜀军粮尽后再去攻打。与此同时，司马懿一面令郭淮去偷袭剑阁，切断蜀军粮道；一面发檄文星夜往雍、凉两州调拨人马。岂知诸葛亮已先派重兵把守剑阁。郭淮见蜀军有准备，只好退兵。

虽然诸葛亮北伐中原最后失败了，演出了"出师未捷身先死，长使英雄泪满襟"的历史悲剧，但五次的北伐，证明了诸葛亮是个意志力强的人。而他留给世人的那篇饱含真情的《出师表》除了酣畅淋漓地倾诉了自己对蜀国的忠诚之情，还充分表达了他北伐中原兴复汉室的超强意志力。

意志力是你奋斗的血液，没有坚强的意志，你会觉得瘫软无力，萎靡不振。磨练自己的意志吧，认清每次挫折对你成功的意义，不仅要扫清这些障碍，更要真正地利用它们。拥有坚强的意志，就像为你的雄心加上了翅膀，在旭日的彩霞中熠熠生辉，翱翔在成功的征途上。

古今中外，凡有建树的著名人物，无不是有胆有识之人。"胆识"是一种境界，是一种气场，能令一个人具有"泰山崩于前而色不变，麋鹿兴于左而目不瞬"的大将风度，无惧一切外物，"虽千万人，吾往矣!"王阳明从"致良知"的角度，告诉了我们一个怎样增强"胆识"的奥秘。

2. 脚踏实地，不图虚名

今却不去"必有事"上用工。而乃悬空守着一个"勿忘勿助"，此正如烧锅煮饭。锅内不曾渍水下米，而乃专去添柴放火，不知毕竟煮出个甚么物来。吾恐火候未及调停，而锅已先破裂矣。

——《传习录》

❁ ✻ ❁

不在"必有事"上花心思，空守着"勿忘勿助"，这就好比生火做饭，锅里还没倒入水，就一味去增添加火，最终能烧出什么？只怕还没调好火候，锅已经破裂了。

小时候，我们对未来充满幻想，随着年龄的增长，我们开始变得现实。

适当的空想，能让人心情愉快，但如果不加以行动，我们就会变得不思进取。

袁术本是汉末三国时代实力很强的人物，此公凭借袁家的势力，据有江淮之间的广大土地，兵粮足备。在袁绍成为北方最大的割据者的同时，他也成了南方最大的割据者。袁术优越的客观条件，应该说是有希望在军事竞争中获取最终胜利的，然而他却是诸多割据者中衰亡较早的一个。综观袁术的言行，可知他在管理自己的军事集团时，缺乏脚踏实地的作风。

东汉皇帝的传国玉玺,在皇宫内乱之际曾一度遗失。各路诸侯讨伐董卓时,孙坚于宫内一枯井中打捞而得。孙坚跨江击刘表身死,孙策引其部众投奔袁术,成为袁术手下能征惯战的勇将。袁术相待孙策礼甚傲。孙策非久居人下之人,他想从袁术手里借几千兵,归还江东独创事业,因恐袁术不肯,就留下亡父孙坚的传国玉玺作为质当。袁术想得到这块玉玺为时已久,见了玉玺,喜不自胜,不仅借 3000 兵、500 匹马给孙策,还表孙策为折冲校尉、殄寇将军。为了玉玺,竟放了孙策这只猛虎归山。原来,袁术早有登基称帝的野心,得了传国玉玺,在他看来,就意味着天命所归,当皇帝的理由就充分了。果然,过了一段时间,袁术再也耐不得寂寞,大会群下,建号仲氏,立台省等官,祭天祭地,迫不及待地当起皇帝来。为了驳斥臣下的反对,袁术找了几条理由,为称帝之举辩解:一是与汉高祖刘邦相比,"昔汉高祖不过泗上一亭长,而有天下";其二是汉朝"今历年四百,气数已尽,海内鼎沸";三是"吾家四世三公,百姓所归";四是"吾袁姓出于陈,陈乃大舜之后,以土承火,正应其运";五是"又有传国玉玺,若不为君,背天道也"等等这数条理由,可谓振振有词,细察起来,均属子虚乌有。作为一个军事集团的首脑,袁术不思扎扎实实地整顿内政,有理有节地消灭竞争对手,不待时机成熟,得了玉玺就登基称帝。在对待玉玺的态度上,袁术远不及孙策。孙策深知,玉玺虽是宝物,但它的价值远不如几千兵力,玉玺说到底不过是块镶金的石头,而兵力却是他赖以创业的本钱。孙策没有因为拥有传国玉玺就称帝。脱离袁术回到江东后,孙策将全部精力投入到扫灭大小割据势力,不断增强孙氏集团实力的斗争中去,创建了吴国。

袁术死后,玉玺落入曹操手中。曹操虽然也大喜了一番,却没有做出称帝之举。曹操做事，非常注重必要性和可能性。他并非没有做皇帝的野心，只是担心遭到拥护汉帝的官吏们的反对和成为割据者的众矢之的。待到北方完全平定，曹操才于建安十七年受爵为魏公，建安二十一年进位为魏王。称魏公时，遭到荀彧、崔琰的反对，他们都是曹操的心腹谋士，特别是荀彧，是曹操的第一谋士。连他们都反对曹操称公称王，可见当时的人心并未忘汉。后来，孙权遣使给曹操上书，言天命已归曹操，望曹操早正大位。曹操看完后大笑，说："是欲使我居炉火上耶？"下属们有的也劝曹操登基称帝，曹操说："苟天命在孤，孤为周文王矣。"就这样，并非不想称帝的曹操至死也未称帝，原因是时机不成熟，过早登上皇帝宝座，无异于"居炉火"，而袁术却自赴火坑。当时汉朝皇帝虽无力统御四方，然而献帝的名号尚在，类似袁术那样的割据者，天下还有许多，连称王的胆量都没有，何况称帝？袁术不听臣下谏阻，迫不及待地登上了皇帝宝座，于是招来了灭顶之灾，在曹操、吕布、刘备等合力攻击下，兵败疆场，绝食而亡。袁术视玉玺重于兵力，视皇帝名号重于实力，八字尚无一撇，先忙于装点门面，狂妄自大，不自量力，失败是必然的。

一个人要想成就自己的事业，必须按照这样一个公式去做：成事之法+敬业精神+脚踏实地。很显然，一个缺乏脚踏实地的人，只能是以懒散粗心的态度去应付工作，以"东一榔头西一棒子"的方法去随心所欲，这样做的结果是成事不足，败事有余。但是假如你以正确的"心机"去面对工作，任劳任怨，脚踏实地，就能心想事成。

其实，空想是没有多大价值的，世界上绝对没有不劳而获的事情，成功无一不是按部就班、脚踏实地努力的结果。

曾经有一位乡下青年，自幼爱好诗歌，且写有大量作品，后来得到一位年事已高的文学大师的赏识和提携，青年的作品被发表在一些文学刊物上，但反响不大。不过，文学大师对青年有信心，依然要求青年把作品寄给他，保持书信往来。

在文学大师的帮助下，青年慢慢地开始小有名气，只是他们的书信交往变得越来越少，青年的语气也越来越狂妄。有一次来信，青年告诉文学大师，他觉得写抒情小诗没有意义，自己是大诗人就写长篇史诗。但是，在以后的书信中，青年却很少提起自己的"巨作"。直到有一天，他在信中告诉文学大师，这段时间，自己什么都没写，所谓的"巨作"只是空想而已。好高骛远，不切实际，不知天高地厚的青年埋葬了自己的前途。

乡下青年的故事，印证了王阳明的观点：才华再高，如果无法做到身体力行，也不会取得成功。所以，知和行要结合起来，才能够让生活充实而美好。

3. 马上去行动

知是行的主意，行是知的功夫；知是行之始，行是知之成。

——《传习录》

❋　❋　❋

王阳明认为，一个人心里有了一个想法，这就是行动的念头萌生了，而一个人切切实实的行动，就是使这个想法得到实现的功夫；所以说，产生去做一件事的念头，就是行的开始了，而笃实一贯、不达目的决不罢休的行动，则是实现理想的保证。

有的人在一生中有很多理想，抱负很大，却在现实生活中屡屡碰壁，郁郁不得志，只得在那里抱怨自己怀才不遇；有的人整天东奔西跑，看似忙忙碌碌，但也没有做出什么成绩来，最后也是一事无成。

在王阳明看来，这些就都是"知而不能行"的缘故。那么什么才算是知而能行乃至知行合一的境界呢？

与理论认识相比起来，一个人的行动能力十分重要。所谓"非行无以成"，任何一件事要想做成功，都要付诸于行动。如果不采取行动，哪怕你有再远大的理想，再出色的能力，再丰富的知识，也是不能实现自己的人生价值的。

对于大多数人来说，他们最欠缺的也许就是行动的能力。如果有了充足的行动，一个人完成一件事的可能性就提高了。

无论是任何学问或技艺，要想做成它，最后都要落实到行动上来。有人向一位哲人请教，问他获得成功的的要点是什么。他这样回答："行动。"问第二个、第三个要点是什么，他的回答仍然是："行动，行动！"

可以说，一个人在现实生活中，不论是做任何事，如果没有达到预定的目标，很大程度上就是因为他没有采取足够的行动。

三个旅行者徒步穿越喜马拉雅山，他们一边走一边谈论一堂励志课上讲到的凡事必须付诸实践的重要性。他们谈得津津有味，以至于没有意识到天太晚了，等到饥饿时，才发现仅有的一点食物就是一块面包。

这几位虔诚的教徒，决定不讨论谁该吃这块面包，他们要把这个问题交给老天来决定。这个晚上，他们在祈祷声中入睡，希望老天能发一个信号过来，指示谁能享用这份食物。

第二天早晨，三个人在太阳升起时醒来，又在一起谈开了。

"我做了一个梦，"第一个旅行者说，"梦中我到了一个从未去过的地方，享受了有生以来我一直孜孜以求而从未得到的难得的平静与和谐。在那个乐园里面，一个长着长长胡须的智者对我说：'你是我选择的人，你从不追求快乐，总是否定一切，为了证明我对你的支持，我想让你去品尝这块面包。'"

"真奇怪，"第二个旅行者说，"在我的梦里，我看到了自己神圣的过去和光辉的未来。当我凝视这即将到来的美好时，一个智者出现在我面前，说：'你比你的朋友更需要食物，因为你要领导许多人，需要力量和能量。'"

然后，第三个旅行者说："在我的梦里，我什么都没有看见，哪儿也没有去，也没有看见智者。但是，在夜晚的某个时候，我突然醒来，吃掉了这块面包。"

其他两位听后非常愤怒："为什么你在做出这项自私的决定时不叫醒我们呢？"

"我怎么能做到？你们俩都走得那么远，找到了智者，又发现了如此神圣的东西。昨天我们还在讨论励志课上学到的要采取行动的重要性呢。只是对我来说，老天的行动太快了，在我饿得要死时及时叫醒了我！"

这个故事说明一个简单的道理，心中认定的的事就要马上去做，否则受到外界的影响，内心有了种种顾虑后，自己的行动能力就会大大减弱，甚至可能取消初衷。

俗话说，"说得一尺不如行得一寸"，拥有再大的理想，如果不在行动中去实现它，也只能是空中楼阁。如你想去游历天下，与其做大量的准备工作，不如拿出勇气来，以常人难以企及的行动去追求它，锲而不舍，哪怕是凭借一根拐杖、一个饭钵，一路讨饭也能实现自己的理想。

我们从小就读到过这样一则古代故事。

说的是四川某个边远地区有两个和尚，一个穷，一个富。

有一天，穷和尚对富和尚说："我准备到南海去，你看怎么样？"

南海在浙江的普陀山，路途十分遥远。

富和尚问："你依靠什么去呢？"

穷和尚回答道："我准备一个水瓶和一个饭碗就足够了。"

富和尚不由得哈哈大笑："多年来，我一直想买一条船去南海，到现在都还没去成。你就凭借这两样东西，怎么能够去呢？！"

在他看来，穷和尚只靠一个瓶子和一只碗，一路乞讨，步行去南海，根本是不可能的事。

没想到的是，第二年，穷和尚居然从南海朝拜佛教圣地回来了，把自己此行的见闻告诉了富和尚。富和尚面色通红，惭愧不已。

从四川的边远地区到浙江的南海，路途不知有几千里远，资产雄厚、拥有那时的先进交通工具的富和尚都没去成，而穷和尚仅凭一瓶一碗、一路化缘就完成了南海之旅，说明了要做成一件事，外在环境并不是关键条件，而是在于我们能否马上采取行动，只要脚踏实地，一步一个脚印地向目标迈进，就有成功的可能。

可以说，阻碍我们采取行动的不是表面的物质条件和环境，而是我们内心的软弱与妥协。只要肯下功夫去做，那么难事也会变得容易了。

行动与勤奋是实现梦想的唯一途径，再美好的愿望如果不付诸行动，也只能是空想。是的，如果你想获得成功，最有效的方法就是用行动去创造机会。我们要拿出十足的干劲，去争取每一次机会，只有这样，我们才能在这个到处充满竞争的时代里，找到我们的一席之地。

4. 成功不在难易，在于身体力行去做

未有知而不行者，知而不行只是未知。

——《传习录》

✽　✽　✽

获得成功的方法有很多种，然而不论是哪一种，即便是最简单、最投机取巧的成功之道，也无法在空想中实现。原因很简单，思想的力量只有在行动中才能发挥作用。为学如此，处世亦如此。要想收获成功，必须首先在身体力行上下功夫。

王阳明作为心学一派的代表人物，同样强调行动的重要性。他认为，知道一定的道理却不采取行动的人，并不是真正了解道理的人。正如现实生活中，那些妄想坐享其成的人，并不知道"有付出才会有回报"的道理，就算他们知道，也并不了解其中的深意，否则便不会"知而不行"了。所以，当需要一样东西的时候，前提是必须行动和付出。

张溥是明代大学者，他有非常独特的读书方法，那就是通过多次抄写、多次阅读、多次焚烧的办法，加深理解，熟读精思，所以叫"七焚法"或"七录法"。张溥的"七焚法"分三步：第一步，每读一篇新文章，就工工整整地将它抄在纸上一边抄一边在心里默读；第二步，抄完后高声朗读一遍；第三步，朗读后将抄写的文章立即投进火炉里烧掉。烧完之后，再重新抄写，再朗读，再烧掉。这样反复地进行七八次，一篇文章要读十几遍以上，直至把文章彻底理解，背熟于心为止。张溥非常赞赏这种读书法，他把自己的书房叫做"七焚斋"，也叫"七录斋"，还把自己著的文集命名为《七录斋集》。

张溥反反复复练习，不知不觉就把自己雕琢成器了。人们常说，我们生活在一个很现实的世界里。"现实"不仅仅体现在人情冷暖上，更体现在行动的力量上。行动，是一个人的知识、智慧、思想境界等"虚"的东西的现实的载体。人们往往看重"知识就是力量、智慧就是财富"，却忽略了行动，忽略了行动带来的无穷的力量。实际上，只要开始行动，就算成功了一半。因为行动能够将知识、智慧、思想境界的力量切实可行地发挥出来，从而形成一股强大的推动力，在正确的前提下，能够推动行动者更快地迈向成功。

世界上牵引力最大的火车头停在铁轨上，为了防滑，只需在它 8 个驱动轮前面塞一块一英寸见方的木块，这个庞然大物就无法动弹。然而，一旦这只巨型火车头开始启动，这小小的木块就再也挡不住它了；当它的时速达到 100 英里时，一堵 5 英尺厚的钢筋混凝土墙也能轻而易举被它撞穿。

从一块小木块令其无法动弹到能撞穿一堵钢筋水泥墙，火车头威力变得如此巨大，原因不是别的，就是因为它开动起来了。

其实，人的威力也会变得巨大无比，许多令人难以想象的障碍也会被你轻松地突破，当然前提是：你必须行动起来。不然，只知道浮想，如停在铁轨上的火车头，那就连一块小木块也无法推开。

俗话说，火车跑得快，全靠车头带。火车头不只是方向的象征，更是力量的体现。很多人往往因为低估了自身的能力或者惧怕了眼前的困难而放弃行动，殊不知，当人们行动起来的时候，其威力往往超乎原有的想象，甚至能够轻松突破障碍，超越自我极限，前提就是，必须行动起来。

1950 年，20 出头的郑小瑛来到当时最负盛名的莫斯科音乐学院学习作曲。她似乎注定就是为音乐而生，六岁学习钢琴，十四岁精通各种乐器并且多次登台演出。在莫斯科音乐学院里，郑小瑛的才华得到了老师和同学的认可，她的曲子时常被学校交响乐队拿去演奏。

有一次，在音乐厅看见指挥师正演奏她的曲子，她被那种意气风发的样子深深吸引住了，一个理想由此萌发："我要成为一位优秀的指挥家！"

从那以后，郑小瑛一有时间就跑到音乐厅去看表演，当然，最主要的是暗中学习指挥技巧，还时不时找机会向教授求教。回到宿舍后，她就对着自己的曲子开始练习指挥，同学们都取笑她说："难道你想成为一名指挥家吗？别白费力气了，因为那是一件不可能的事情！"

同学的话其实不无道理，当时全世界的女性地位都不高，有机会接受音乐教育的女性已经很少了，更何况是女性指挥家？虽然不敢说全世界绝对没有一位女性指挥家，但在当时，他们都没有听说过。

"难道女性就不可能成为指挥家吗？"郑小瑛在心中发问。没人能给她答案，能给答案的人只有她自己！

此后，郑小瑛在指挥上的学习和锻炼更加勤奋了，从表情到手势，从眼睛到心灵……

有一次，学校里组织一个音乐盛会，郑小瑛所作的一首曲子被选进了演奏曲目中。而观众席中，有两位响当当的人物：苏联国家歌剧院的指挥海金和莫斯科音乐剧院的指挥依·波·拜因。谁都没有想到的是，正当音乐指挥走上台子的时候，他居然扭伤了脚，一个踉跄跌坐到地上，全场一片惊呼。工作人员很快跑过去扶住教授，同时还有人把椅子搬上指挥台，想让他坐在椅子上指挥；但那同样不行，因为他扭到脚的同时也碰伤了肘部。教授摇摇头，全场不知如何是好！

郑小瑛一下子从椅子上站起来，在一片惊愕的目光中，走到那位教授的面前一鞠躬说："我以艺术的名义向教授申请接过您手中的指挥棒！"

面对这样一张年轻而坚毅的脸，教授找不出任何理由拒绝，他把手中的指挥棒递给了郑小瑛。她转过身，对乐手们点头示意，指挥开始了：只见指挥棒在她的手中时而急促有力，时而缓和悠扬，音乐就像是从她指挥棒上流淌出来似的，时而奔腾如雷，时而平静似水，她那热情奔放，气魄雄伟的指挥蕴藏着无比强烈的艺术感染力，简直无懈可击，完美无瑕，就连那位扭伤脚的教授和观众席上的海金、依·

波·拜因也频频点头。一曲结束,掌声四下雷起,海金和拜因更是对郑小瑛做出了这样的评价:"她,将来必定是一位卓越的指挥家!"

当天,海金正式向郑小瑛提出邀请,让她进入苏联国家歌剧院深造指挥艺术。"艺术应该属于任何人,不应该有性别之分!"海金说。进入国家歌剧院后,郑小瑛刻苦学习,先后成功地指挥了《托斯卡》《茶花女》等一系列经典歌剧,在苏联引起了极大的轰动。

几年后,郑小瑛艺成回国,为我国的音乐事业做出了卓越贡献,最终成为中国以及全球第一位卓越的交响乐女性指挥家。2010年,82岁的郑小瑛被首届中国歌剧艺术成就大典授予终身成就荣誉奖!

王阳明讲知行合一,经常拿"写字"来举例。他说:"我要写字"是"知"而提笔就是"行",想要知道一个字如何真正地写,就需要付诸实践才能行。所以就有了"知"就一定要行动起来。

行动,是通往成功的必经之路。只有行动起来,才能真正把握成功的契机。有才之人最可怕的,莫过于错失良机、大志难舒。要想把握那千载难逢的机会,等待是必不可少的,但行动最关键。成功不在难易,而在于谁"真正去做了"。这个世界不缺乏机遇,而缺少更多抓住机遇的手。只有在恰当的时机主动出击,才能够把握成功的契机,成就人生的梦想。

5. 千里之行，始于当下

先生曰："吾与诸公讲'致知''格物'，日日是此，讲一二十年俱是如此。诸君听吾言，实去用功，见吾讲一番，自觉长进一番；否则只作一场（空）话说，虽听之亦何用。"

——《传习录》

❀　❀　❀

王阳明先生说："我与诸位讲致知、格物，天天都是这个观点，讲了一二十年还是这个观点。诸位听进了我的学说，去扎实用功，那么，每次再听我讲就会觉得自己又有了长进。否则的话，听了一百次也不过是相当于听一次罢了。"

"千里之行，始于足下"，没有行动，不扎实用功，就算听一百次也不过相当于听一次，王阳明指出一定要"活在当下"，有了想法就要去行动。

"活在当下"，所谓"当下"，就是现在正在做的事，现在所处的环境，现在遇到的人。"活在当下"就是要把关注的焦点集中在这些人、事、物上面，全心全意地认真去接纳、品尝、投入和体验这一切。活在当下是一种全身心地投入生活的人生态度。当你活在当下，而没有过去拖你的后面，也没有未来拉着你往前时，你全部的能力都集中在这一刻，生命也因此更具有一种强烈的张力。

"当下"之所以如此重要,是因为它是千里之行的起点。人生漫漫长路,只从当下开始,无论是过去的,还是即将到来的,都不如当下的一切来得真切、来得实在。王阳明说:"我辈致良知,是各随分限所及,今日良知见在如此,只随今日所知扩充到底,明日良知又有开悟,便从明日良知扩充到底,如此方是精一功夫。"意思是说,我们致良知,因各人的差异而达到不同的程度。今天到达这样的程度,就根据今天所能理解的扩充下去;明天又有了新的理解,便从明天理解的扩充下去,这才是专注于一个目标的功夫。王阳明认为,初学者对于修身养性的功夫,应当循序渐进,着眼于当下,而不是妄图将来。

活在当下,意味着要抛开往事的牵绊。人活一世,不可能不做错事,也不可能完美无缺,关键是在于能够接受遗憾。倘若一味沉浸在过往的痛苦或对完美的觊觎之中,则难以关注当下的一切,更难以开启未来之门。

在古时候,有户人家有两个儿子。当两兄弟都成年以后,他们的父亲把他们叫到面前说:"在群山深处有绝世美玉,你们都成年了,应该做探险家,去寻求那绝世之宝,找不到就不要回来。"

两兄弟次日就离家出发去了山中。

大哥是一个注重实际而不好高骛远的人。有时候,发现的是一块有残缺的玉,或者是一块成色一般的玉甚至那些奇异的石头,他都统统装进行囊。过了几年,到了他和弟弟约定的汇合回家的时间。此时他的行囊里已经满满的了,尽管没有父亲所说的绝世完美之玉,但造型各异、成色不等的众多玉石,在他看来也可以令父亲满意了;甚至那些酷似各种动物树木的奇石,在他看来也是不可多得的珍宝。

后来弟弟来了,两手空空一无所得。弟弟说,他一直未找到父亲所描述的绝世美玉。

弟弟看了哥哥的所获后说，你这些东西都不过是一般的珍宝，不是父亲要我们找的绝世珍品，拿回去父亲也不会满意的。

弟弟说，我不回去，父亲说过，找不到绝世珍宝就不能回家，我要继续去更远更险的山中探寻，我一定要找到绝世美玉。

哥哥带着他的那些东西回到了家中。父亲说，你可以开一个玉石馆和一个奇石馆，那些玉石稍一加工，都是稀世之品，那些奇石也是一笔巨大的财富。

短短几年，哥哥的玉石馆已经享誉八方，他寻找的玉石之中，有一块经过加工成为了不可多得的美玉，被国王御用作了传国玉玺，哥哥因此也有了倾城之富。

在哥哥回来的时候，父亲听了他介绍弟弟探宝的经历后说，你弟弟不会回来了，他是一个不合格的探险家，他如果幸运，能中途有所悟，明白至美是不存在的这个道理，是他的福气；如果他不能早悟，便只能以付出一生为代价了。

很多年以后，父亲的生命已经奄奄一息。哥哥对父亲说要派人去寻找弟弟。

父亲说，不要去找，世间没有纯美的玉，没有完善的人，没有绝对的事物，为追求这种东西而耗费生命的人，何其愚蠢啊！

弟弟不懂欣赏，不懂抓住当下，因此失去了本该收获的美好。其实，世界并不完美，人生一定会有遗憾。对于我们来说，不完美是客观存在的，并不需要怨天尤人。

活在当下，意味着要踏踏实实地努力于眼前的事情，把握眼前的时机，而不是寄希望于明天，寄希望于一个新的开始。无论人生的目标有多么明确，未来总是充满了诸多的未知因素，足以令计划赶不上变化。如果我们时时刻刻都将力气耗费在未知的将来，却对眼前的一切视若无睹，那么就永远也找不到通往未来的道路。我们的努力只有从现在开始，才有可能获得成功。

昨天是作废的支票，明天是一张期票，因此，千里之行始于当下，有志之人，必当从现在做起，日积月累，为实现伟大的理想奠定坚实的基础。而那些连今天都把握不住的人，又何谈未来？

6. 外物勿扰，与事融为一体

陆澄问："主一之功，如读书则一心在读书上，接客则一心在接客上，可以为主一乎？"

先生曰："好色则一心在好色上，好货则一心在好货上，可以为主一乎？是所谓逐物，非主一也。主一是专主一个天理。"

——王阳明

❀ ❀ ❀

要想把每一件事情做好，就要脚踏实地，不浮躁；让心与事融为一体，达到一种忘我的状态，才能将事情做得完美。

王阳明认为，每一个人的心只有与所做的事情融为一体，才能说是真正的专注，才可以进入到那种自然而宁静的境界。就像他回答一位朋友提问的一样，致吾心内在的良知功夫，是不能急于求成的，如果能掌握本心的主宰之处，并切合实际地用功，就会体悟透彻。这个时候才能忘掉心外，心与事才能达到合一的境界。

1517 年，大明朝正在进行大规模的剿匪行动，土匪们逃窜到象湖山一带，割据一方，难以应付。此时福建和广东两省的领兵之人对作战发生分歧，一方认为土匪逃入山中，占据有利地形，但是却是惊弓之鸟，应该立刻趁机作战，向大山发起总攻。而以广东为首的另一方却认为官兵在大山之中作战有很多不利，要等到秋后，等援兵来了再作战。王阳明听后对福建的部队说，敌人已经进了大山，地形对他们非常有利，如果强攻会导致敌人背水一战，不是上策；而广州官兵在敌人面前太多畏首畏尾，也不是上策。

王阳明分析了敌人的情况之后，给双方的将士下达命令，第一，要麻痹敌人，让所有的部队向外宣扬，土匪进山不打了，等到秋后再说，要求犒赏三军，并做出部队要解散的样子，但是强调部队不能走太远，必须要保证一声令下能够很快集结起来。第二，让两支部队在暗中加紧操练，加紧备战，派出士兵打探土匪的情况，只要发现时机就立即出兵攻击。第三，所有部队必须随时准备迅速集结。第四，部队的分工要明确。第五，在作战之时，要以敌军的首领为主要目标。第六，两支部队不能再有分歧，必须思想统一，行动统一。

王阳明下达这样的命令之后不久，战斗发生了转机，机会终于到来了，那些表面被解散的士兵都去种地了，土匪看到之后心中自然产生了懈怠。没有过去多少天，王阳明就以护送官员的名义，调集了一千五百名精兵强将突然对象湖山发起了总攻，紧接着后面的四千多援军也都到了，王阳明亲自率领军队赶到作战的前方，指挥战斗，布置任务,包围象湖山。两军对垒,战斗异常激烈。几个小时之后,象湖山被王阳明攻克,那些土匪纷纷四处逃窜,首领也被活捉。

在漳南的这场战役之中,攻克象湖山是其中关键的一场战斗。王阳明在这里消灭了敌人的有生力量,从而转变了战局,剩下的事情就是去围剿那些逃跑的土匪了。又经过了一个月的作战,部队集结在一起将土匪的余党都——消除,自此王阳明清除了十几年的匪祸。

十五岁的时候,王阳明就对兵法产生了非常浓厚的兴趣,不仅熟读兵法,还对当时的边关的战事非常关心,那时候正值少年的他独自一人骑马去边关考察,回来后便将自己在边关的感受写成奏折要求父亲上疏给皇帝。当然他的父亲没有同意,他一个少年怎么可以上疏皇帝?这在他父亲眼中简直是无稽之谈。但是王阳明这种将书本的知识付诸实践之中,并让自己全身心去体验的精神却伴随了他的一生。后来王阳明遇到许璋,开始专心攻读兵书,学习兵法,一发而不可收。在家中他会用瓜子花生等进行排兵布阵,在客人那里会与他们一起讨论兵法。从这些也可以看出,王阳明在对待任何学问面前,都能够让自己全身心投入,全身心体验,其实也就是知行合一的重要表现。

学习知识贵在践行,在政治中学习政治,在战争中学习战争。王阳明在这次剿匪当中,特别强调了两军的配合,并强调福建与广东的两支部队务必配合完美,切不可让土匪逃入广东与福建的深山之中,一定要切断他们的后路,让这些土匪之间不能联络,然后再进行各个击破。将知识与实践融为一体,全身心去体验,去学习,去实践,王阳明指挥的剿匪战役才能够获得如此的完胜。这可以说是他知行合一思想的最好诠释。

一个人在学习和工作之中离不开有效的思考，但是也需要全身心去投入，去体验，只有如此，才能将潜力投入到行动之中，才能跑得更快，最终达到自已的目标。

一个人，如果对某一事物倾注了全部的感情，那么它就被赋予了生命。它有了生命，就越能与你息息相通，达到合二为一的境地，然后，最大限度地激发出自己的才能。所以不管什么事，只要竭尽全力，结果必然不差。

到底怎样做才能达到完全投入的境地呢？

首先要让自己明白这样的意义。想一想，如果完成不了它，人生将有什么样的遗憾。其次，当自己的思维受到干扰时，要立即调整，把注意力集中到该做的事情上，要控制好唯一能够把握的"此刻"。最后，当你克服困难，为了一件事全力以赴时，你就会惊讶于你的改变，发现一个全新的、认真的、充满力量的你。

7. 知是行之始，行是知之成

知是行之始，行是知之成。圣学只一个功夫，知行不可分作两事。

——王阳明

❀　❀　❀

在王阳明看来，认识是实践的起点，实践是认识的成果。圣人的学问只有一个功夫，认识和实践不能当作两件事。

王阳明强调知与行的统一。所谓知，便是对事情各方面的思考与了解，只有思考明白、了解清楚了才能开始行动；所谓行，便是将那些思考明白、了解清楚的东西付诸实践，才能有所成就。王阳明指出，圣人之学乃身心之学，其要领在于体悟实行，不可将其当作纯粹的知识，仅仅流于口耳之间。

王阳明告诉学生，如果你想知道西红柿的味道，那就必须去亲自品尝才能知道，其实这就是所谓的实践出真知的道理。王阳明从小开始就是一个善于行动的人。1489年他带着新婚一年的妻子回老家的路上拜访娄谅，娄谅告诉他一草一木都有道理，必须格才能知道。于是王阳明便开始格竹子，一连七天七夜，结果自己就格出了幻觉，还有幻听。他仿佛听到竹子在埋怨他："我的道理是如此地简单，你怎么就不能格出来呢？"

王阳明听后十分懊丧，他想要告诉竹子自己的难处，但是却听到园中的竹子开始哄堂大笑，它们的笑声好像是在取笑他，而且带着明显的挑衅。王阳明真的发怒了，他用尽力气大喊，你们根本就没有道理，我从何格出来？但是他不知道这些话他根本就没有喊出来，他的体力早已经透支，最后双眼发黑倒在了地上。几日之后，他的身体稍微恢复了一些，当他走进园子中，再次看到那些竹子的时候，开始反省自己，也就是从那时候开始怀疑朱熹的"格物致知"其实是存在问题的。

后来他找到跟他一起格竹子的同学，告诉他，朱熹的"格物致知"很可能是错误的，结果那位仁兄听后立刻惊诧地说王阳明肯定是走火入魔了，朱熹的理学是当时科考的课本，怎么可能错了呢？但是王阳明经过冷静分析后却说："不要说我们没有格出竹子之中的道理，就算是格出来了又如何呢？朱熹说，一草一木都有道理，按照这道理去格，就算是格到死，也看不到圣贤的一个影子。想想格竹子都这么难，何况天下万物呢？况且就算是我们格出了竹子当中的道理，如果那个道理我们都不认可，那又该如何呢？是把它丢掉，还是要违心地承认这道理呢？"

他的那位同学听后，感觉王阳明的话太惊世骇俗了，觉得王阳明不能格出竹子中的道理就说朱熹的理学是错误的，根本就是无稽之谈，这只不过是说明他自己没有这个天分罢了，无论如何朱熹的理论都是没有任何差错的。王阳明听后只得叹息地说："我真希望你说的对，但是不管我有没有天分，都不能通过朱熹这条路成为圣贤，这对我来说，就是死路一条。"

在经历了格竹子事件之后，王阳明陷入到一种彷徨的痛苦之中，再也没有了以前对朱熹理学的那种狂热。经过一段时间之后，他便开始将方向转向别处。这就是王阳明，此路不通，另寻他路，他绝不会在一条路上走到黑。

接下来，王阳明开始参加科考。1492年乡试，他以优异的成绩金榜题名，但是到了1493的北京会试却名落孙山。尽管他那时候的心情有些沉重，但是却没有一丁点的哀伤，因为他已经将心思放在了道家养生和佛学的思想之中，他心中想到的是朱熹理学既然没有什么诀窍，那就另辟蹊径在道教与佛教之中寻找成为圣人的光明道路。

一年的时间，他将所有的心思都放在道教与佛教之中，但是此路在会试失败后便结束了。他又开始钻研诗歌文章，想通过辞章为天下万民立心，留下千古之言。这种钻研不带任何功利目的，是十分虔诚的，他日夜苦读，甚至将身体都搞垮了，他父亲不得不每晚强迫他去休息。到了 1494 年，他离开北京回到老家浙江余姚，组织了龙泉诗社，每天与诗词文章打交道，发誓要通过此路成为圣人。

后来王阳明得知浙江余姚有一位奇人名叫许璋，于是便去拜访，此人以前也琢磨不透朱熹的理学真谛，所以抛弃之后改学军事和奇幻法术。等两个人见面，许璋听说王阳明想要通过辞章立业，摇头告诉他，辞章不过是小计，想要成为圣贤需要建功立业。从此王阳明便丢弃辞章的研究，开始一心一意地学习兵法，而许璋也将毕生所学的兵法毫无保留地传授给了他。

1495 年，回到京城的王阳明虽然准备第二次会试，但是心思依然全部在军事的钻研之上，这也导致了他第二次会试失败。到了 1498 年，已经二十六岁的王阳明再次回到了朱熹的理学门下。这时候已经距他格竹子过去了六年之久，距拜访娄谅过去了九年之久。或许上天眷顾他吧，在一次不经意翻看理学典籍的时候，他看到了朱熹的一封信，信中说："虔诚的坚持唯一志向，是读书之本，循序渐进，是读书的方法。"

王阳明从此才领悟到志向需要坚持，不可以在各个领域之间跳来跳去，学问需要循序渐进地去研究。从此他又一次开始了对朱熹理学"格物致知"的认真钻研。

一个人有了想法，还要去行动。任何事情想要成功，都必须付诸行动，不行动就无法修正要走的路，所谓实践出真知。有再出色的能力，有再丰富的知识，不行动也无法实现人生的价值。

然而，自古以来大多数人都把知和行看作两件事，比如人们常说："三思而后行。"意思是思考在前，行动在后，必须经过多番仔细周密的考虑才能有所行动，如此才能取得最好的效果，避免一些不必要的麻烦。

三思而后行，确实是对年轻气盛、易冲动的人最好的劝谏，因而备受世人推崇。人们相信，经过深思熟虑的决定才是最好的，经过反复思量的行动才能顺利进行。不幸的是，由此形成了一种重思考而轻行动的风气。或许是过于谨慎，过于追求万无一失，人们将大量的时间与精力用在了无限的沉思之中，结果越想越觉得准备不够充分，越想越觉得存在很大的问题，最终使本可以尝试的想法变成了不可能完成的任务，以致事情无疾而终。

由于人的思维空间是无限宽广的，不受客观事物与能力的强行束缚，因此，过度的思考很容易偏离正轨，越想越远反而找不到重点。人们在思想的海洋中畅游太久而迟迟不上岸来付诸实践，结果无异于窒息其中，会彻底失去付诸实践的机会与能力。

唐代，中原有一片山脉盛产灵蛇，蛇胆和蛇心都是很好的药材，虽然蛇毒剧烈，见血封喉，可是为了赚钱，很多人不惜冒着生命危险去捕蛇。有一天，有三个从南方来的年轻人来到附近的村子，准备进山捕蛇。

年轻人甲在村里住了一天，第二天清晨便收拾行装上山捕蛇，但是几天过去了，他都没有回来：他不懂得蛇的习性，在山里乱窜，惊扰了灵蛇；而他又不懂如何提蛇，最终因捕蛇而丧命。

年轻人乙见状，心中害怕不已，再三思虑要不要去山里捉蛇，他每天都站在村口，向大山的方向望去，时而向前走几里路，不久又走回来，终日惶惶然行走于村子与大山之间。

年轻人丙则充分考虑了如何找蛇穴、捕蛇、解毒等问题，并经常向村里人讨教，掌握寻找蛇穴、引蛇出洞等捕蛇的技术，学习制作解毒的药剂。经过半个月的准备，年轻人丙带着工具上山了。七天过去了，大家都以为他已经丧命，可是年轻人竟然背着沉重的箩筐回到了村里。他捕到了上百只灵蛇，赚了很多银两，之后还做起了药材生意，成为了著名的捕蛇之王。

三个年轻人一起捕蛇，一个毫不考虑、鲁莽行动；一个思来想去、迟迟不动；一个经过深思熟虑之后付诸行动。三个人对待思与行的不同态度，注定了他们的际遇截然不同。思考与行动是相辅相成的，无论偏向于哪一方，都难成大事。诸如乱猜结果蒙对、想发财就捡到钱等意外、碰巧之事，不过是人生乐章中少之又少的特殊音符，难以用它来谱写一生的成就。

思考与行动，对于一个正常人而言，是人生至关重要的一件事，如人之生老病死，难以避免。小到处理家庭琐事，大到掌握国家命脉，不假思索地行动和多番思虑却不见行动的人，轻则败家，重则亡国。思与行，不可偏其一，这便是中国五千多年的历史积淀下来的经验教训，也是王阳明知行合一的观点所在。